ハヤカワ文庫 NF

〈NF509〉

重力波は歌う

アインシュタイン最後の宿題に挑んだ科学者たち

ジャンナ・レヴィン

田沢恭子・松井信彦訳

HAYAKAWA NONFICTION

JN211096

早川書房

8063

日本語版翻訳権独占
早　川　書　房

©2017 Hayakawa Publishing, Inc.

BLACK HOLE BLUES
and Other Songs from Outer Space
by
Janna Levin

Copyright © 2016 by
Janna Levin
All rights reserved.

Translated by
Kyoko Tazawa and Nobuhiko Matsui
Published 2017 in Japan by
HAYAKAWA PUBLISHING, INC.
This book is published in Japan by
direct arrangement with
BROCKMAN, INC.

ウォーレン、ギブソン、ステラへ

先頭に立って新たな制度を導入することほど着手の難しい、過程に危険を伴う、あるいは成就のおぼつかない物事はない。

——マキァヴェッリ、『君主論』（一五一三年）

目次

重力波は歌う

アインシュタイン最後の宿題に挑んだ科学者たち

1章　ブラックホールの衝突

天空の〝音〟を記録する試み

宇宙のどこかで、二つのブラックホールが衝突する。どちらも恒星並みの質量をもちながら、サイズは一つの都市ほどしかない。まさに黒い《ブラック》（光がまったく存在しない）穴《ホール》（空洞）である。重力で互いにつなぎ留められた二つのブラックホールは、最期を迎えるまでの数秒間、両者が接触することになる点のまわりを何千回も周回して時空をかき回し、やがて衝突して合体し、一つの大きなブラックホールとなる。宇宙の誕生以降で最大級となる途方もないエネルギーがかかわるこの事象は、太陽一〇億個分の一兆倍を上回るエネルギーを生み出す。ブラックホールは完全な暗闇《くらやみ》の中で衝突し、この衝突で爆発的に放たれるエネルギーは一部たりとも光として現れない。したがって、望遠鏡でこの事象を観測することはできない。

二つのブラックホールの合体により生じる膨大なエネルギーは、純然たる重力現象という形で、時空の形状の波動として、すなわち重力波として発散される。宇宙飛行士が付近を遊泳していたとしても、目には何も映らない。しかし空間は鳴り響きながら宇宙飛行士の体を押し縮めたり引き伸ばしたりして変形させるだろう。十分そばにいれば、聴覚機構が反応して振動するかもしれない。その場合、重力波を聞くことができる。暗黒の虚空の中で、時空が鳴り響くのが聞こえるのだ（ブラックホールに命を奪われない限り）。重力波とは、物質媒体なしで伝わる音のようなものである。ブラックホールどうしの衝突によって、音が発生するのだ。

　重力波の音を聞いた人間は、これまでに一人もいなかった。重力波を記録したと疑いの余地なく断言できる装置もなかった。衝突現場から地球までは光速で進んでも一〇億年ほどかかるかもしれず、ブラックホールの衝突で生じた重力波が地球に到達するころには、衝突したときの大音響も感知できないほど弱まっている。感知できないどころではない。どれほど言葉を尽くしても表現できないほどかすかなのだ。重力波が地球に届くころには、宇宙の響きは地球三個分ほどの幅が原子核一個分だけ伸縮するに等しい、微小なものとなっているはずだ。

　この天空の音をとらえようという動きは、今から半世紀ほど前に始まった。レーザー干渉計重力波観測所（ＬＩＧＯ《ライゴ》）は、科学の基礎研究を支援することが使命の独立した連邦政府機関、国立科学財団（ＮＳＦ）が資金提供するプロジェクトとして、これまでのところ最も高額なものとなっている。ＬＩＧＯはワシントン州ハンフォードとルイジアナ州リヴィングストンの二カ所に同じ検出器を設けており、いずれも一辺が四キロメートルのＬ字形をして

図1　L字形をしたLIGO検出器。Courtesy Caltech/MIT/LIGO Laboratory

いる。総費用は一〇億ドルを超え、数百人の科学者と技術者が参加する国際的な協力体制のもと、LIGOには関係者の全キャリアと数十年に及ぶ技術革新が注ぎ込まれている。

装置を改良して検出能力を高めるため、LIGOは数年間、稼動を停止していた。ある実験メンバーの言葉を借りれば、〝無〟すなわち〝真空〟以外のあらゆるものを刷新した。一方で、どれほど雑音が激しくても宇宙に関する予測ができるようにと、各国のグループが推定や計算を進めてきた。この休止期間を利用して、理論家はデータアルゴリズムを設計し、データバンクを構築し、装置から最大限の収穫を引き出す方法を考案しようと試みた。多数の科学者がこの実験の掲げる目標に生涯を捧げ、〝地球一〇〇〇億周分の距離を髪の毛一本の太さにも満たない幅だけ伸縮させる変化〟の測定を目指してきた。

重力波が最初に検出できてからの数年間に願わくは収穫がふんだんに得られて、さまざまな方角やさまざまな距離から訪れる激烈な天体事象の音を、地球に設けた観測所で記録する、ということがもくろまれている。死んだ恒星の衝突、老いた恒星の爆発、そしてビッグバン。インパクトの強いさまざまな騒乱が時空を鳴り響かせる。ガリレオが初めて簡素な望遠鏡を太陽に向けて以来、人類は四〇〇年にわたって凍りついたスナップショットの数々で天空の姿をとらえてきたが、科学者たちは重力波観測所の寿命が来るまでに、不協和で耳障りな楽譜を再現し、一連の天空の静止画像が描き出す宇宙史のサイレント映画に添えることができるだろう。

私は本書で、時空の形状の微妙な変化を測定しようとするこの壮大な実験をフォローしていこうと思う——一致団結した研究分野への貢献を望む科学者として、あるいは未知の装置を理解したいと願う不案内な者として、そしてブラックホールの姿を人類が初めて直接とらえる現場をドキュメントしたいと考えるライターとして。国際的な重力波観測所ネットワークがレースの最終ストレッチへと近づくにつれて、発見への期待から目が離せなくなっていく。もっとも、そんなことはうまくいくはずがないという強い疑念を抱く者はいつでもいるのだが。

＊

発足時には議論が紛糾したことや有力な科学者らに反対されたことで勢いがそがれ、激しい内紛や厳しい技術的難局も経験したが、ＬＩＧＯは復活と成長を遂げ、計画をこなし、性能を向上させた。この野心的な実験が船出してから五〇年が経ち、巨大な装置がほんのかすかな音をとらえる瞬間が目前に迫っていた。一九六〇年代に愉快な俳句のようにシンプルでおもしろい思考実験としてひらめいたアイデアが、今では金属とガラスで実体化されている。改良型《アドバンスト》ＬＩＧＯは、アインシュタインが重力波の数学的記述を発表してからちょうど一世紀後にあたる二〇一五年の秋に天空の記録を開始した。装置は一、二年のうちに、あるいは三年かかるかもしれないが、最適感度に到達するはずだ。概念は前世代の装置で実証済みだが、依然として成功の保証はまったくない。自然は必ずしもこちらの思惑に従ってはくれないのだ。改良型の装置は、観測を続け、調整と較正《こうせい》に耐え、尋常でない何かが起きるのを待った。その一方で、科学者たちは自らの疑念を振り払い、ゴールに向かって突き進んだ。

本書は、重力波——音による宇宙史の記録、宇宙を描くサイレント映画を飾るサウンドトラック——の研究をつづった年代記であるとともに、実験を目指した果敢で壮大な艱難辛苦《かんなんしんく》の営みへの賛辞、愚者の野心に捧げる敬意の証《あかし》でもある。

2章　雑音《ハイ・フィデリティ》のない音楽

雑音のない音楽を求めて

午後六時。マサチューセッツ工科大学（MIT）の施設にしては、この建物は静かだ。私が外で待っていると、自転車に乗った大学院生が現れて自転車を降り、鍵のかかった入口を開けて中に入れてくれる。大学院生は自転車を抱えて階段を上がっていく。「レイ先生の研究室はこの先です（訳注　〝レイ〟は〝ライナー〟の英語流の愛称）」と言って背後の廊下を指差すと、サドルをまたがずに片脚だけでペダルの上に立って走りだす。床をもうひと蹴りして、淡い色のドアの向こうへ消える。ライナー・ワイスの研究室のドアもそっくりなので、ホテルの部屋を間違えるように研究室を間違えることもめずらしくないのではなかろうか。ワイスが手招きして私を迎え入れる。初対面だが月並みな挨拶は抜かして、旧知の仲のように打ち解けて話す。科学コミュニティーにおける共通の経験のほうが、同郷とか同世代というよりも大きな意味をもつのだ。不ぞろいな椅子にそれぞれ体を預け、同じスツールに足

図2　ライナー・ワイス。© AP/ アフロ

を載せる。

「私には幼いころから大きな夢がありました。音楽を雑音なしで楽しみたいと思っていたのです。子どものころはハイファイ革命の真っ最中でした。これでも一九四〇年代の後半にはまだ子どもだったのでね。音質のいい、高性能のオーディオ装置をいろいろとつくったものです。ニューヨークに渡ってきた移民は、たいていクラシック音楽に餓えていました。

あそこのスピーカーを見てください。ブルックリンの映画館にあったものです。スクリーンの裏に並んでいたのですが、私は二〇個もらって、すべて地下鉄で運びました。ブルックリンのパラマウントシアターで大火災が起きたあと、スピーカーが処分されることになったのです。

そんなわけで、私は映画館用のスピーカーを手に入れることができました。自分で立派な回路をつくっていたし、ＦＭラジオももっていました。そこで友人たちをうちに呼んで、ニューヨーク・フィルを聴かせたりしました。夢のようでしたよ。まるで劇場にいるみたいなのです。自作の装置から、びっくりするほどすばらしい音が聞こえました」

ワイスは、一九三五年ごろに製造されたスピーカーに備えつけられている金属製のスピーカーコーンを手で示す。むき出しのフレームはデザインの進化に伴って駆逐された、不必要なほどの重量感を備えているが、その点を除けば技術面では驚くほど近代的で、一九三〇年代の普及型というより一九七〇年代の特注品といった感じだ。重力波検出器が説得力のある思考実験として最初に登場したのは一九六〇年代だが、これに取り組む科学者たちの仕事場のあちこちにしまってあるさまざまな科学機器から取ったほかの金属フレームと一緒に置かれていても、このスピーカーユニットは違和感がない。時空の鳴り響く音を記録する装置を思いついたのが、このワイスなのだ――ただし、自分が最初の発案者ではなかったことを、彼はのちに知るのだが。野心的な科学研究の典型として、この実験は今やあまりにも大規模となり、私の訪れたこの建物はおろかマサチューセッツ州ケンブリッジの町全体を使ってもはみ出てしまうほどだ。装置の部品の一部を開発する研究開発ラボが隣の建物の地下に置かれているが、完全な装置を建造する作業は遠く離れた別の場所で行なわれている。

＊

ナチスを逃れ、ベルリンからニューヨークへ

二〇〇五年、ワイスはMITの物理学教授という名誉ある地位を捨てた。そして、コンクリートで固められた長さ四キロメートルのトンネルを歩き、レーザー光を走らせるパイプにオシロスコープを取り付け、一万八〇〇〇立方メートルの高真空に漏れが生じていないか調べ、スズメバチの飛び回るじめじめしたトンネルの中で地面振動を測定する作業に携《たずさ》わった。要するに、再び一研究者になる道を選んで、それまでの身分を手放したわけだ。しかしその結果として、退職してもなお研究活動を続ける教員のなかで特に高く評価される者に与えられる〝名誉教授〟というさらに立派な肩書きを得るに至った。

ワイスは、ヨーロッパのさまざまな訛りが混ざり合った典型的なアメリカ風の発音で、ある世代のニューヨーカーに特有の抑揚の効いた話し方をする。彼自身が持ち込んだドイツ風のリズムも、その中にすっかり溶け込んでいる。その耳慣れた響きから、私は特定の地域のみならず特定の時代も思い浮かべる。ワイスは一九三二年にベルリンで生まれた。反体制派の父フリードリヒ・ワイスは、裕福なユダヤ人一族出身の共産主義者だった（ワイスの父方の祖母は名門のラーテナウ家の出自だった。「非常にドイツ人的で、少しだけユダヤ人的」とワイスは評する）。ワイスによると、母親のゲルトルーデ・レースナーも反体制派だったが、ユダヤ人ではなく女優をしていた。「まあいろいろあって、二人は結婚したわけです」と、まるで詮索されたくない事情でもあるかのごとく、ワイスは語る。「私は二人が出会ったおかげで生まれましたが、そのとき両親はまだ結婚していませんでした」

ワイスの家のリビングでニューヨーク・フィルに耳を傾けたほかの移民たちと同様、彼にもそこへたどり着くまでの物語があり、それはこの話し方を身に着けるに至った背景の一部ではあるが、エリス島の移民局で書類をやり取りしてまもなく彼の人生のストーリーが本格的に動きだす前の話だ。ワイスの人生の前奏曲は、父親が神経科医として勤務していたベルリンの共産党労働者病院で始まる。近隣のほかの地区と同じくこの地区にも、またこの病院にも、ナチスが潜入していた。この病院でナチスの策略により手術が妨害されて患者が死亡すると、政治意識の強い父親はすでに実権を失った当局にこの事件を報告せずにいられなかった。手荒なギャングのように、ナチスは報復として父親を路上から拉致し、地下牢に監禁した。家族に伝わる話では、その正確な場所はわからない。大晦日《おおみそか》にレイを授かっていなければ、父親はそのまま力尽きてしまったかもしれない。熱狂的な共産主義者だったせいで家族からは縁を切られていたのだが、レイをみごもった母親とヴァイマル共和国の地方官吏だった母方の祖父の尽力で釈放された。しかし監禁は解かれたものの、国内にとどまることはできなかった。

フリードリヒは国境を隔てたチェコスロヴァキアに追放された。新しい家族もすぐにあとを追った。ワイスは、けんかばかりしていた両親がどうやって一九三七年に妹のジビレ・ワイスを授かったのか、今でも不思議に思っている(両親は、結婚生活がすさんでいるのはヒトラーのせいだと言っていた)。夫婦の険悪な関係をしばらくでも忘れようと、一家はポーランドとの国境に広がるタトラ山地に出かけ、四人で初めての休暇を過ごした。ホテルのロビーでは、輝く真空管を備えたゴシック調の古い木製のラジオから、イギリスのチェンバレン首相による有和政策《ゆうわ》(のちにこれに乗じてチェコスロヴァキアの一部がドイツに併合された)の演説が流れていた。ワイスはラジオに心を奪われた。演説が歪《ひず》みのない声で聞こえるように、ラジオのダイアルはチェンバレンの声に合わせて調節されていた。その地に押し寄せていたドイツ国外追放者たちの多くは逃亡ユダヤ人で、タトラ山地を出てまずはプラハへ向かい、それから有和政策の協定が成立する前にチェコ・スロヴァキアを脱出しようとしていた、とワイスはそのときのようすを語る。「私たちは逃げることができました。運がよかったとしか言いようがありません。逃げ切ることができたのは、父が医師だったからです。逃げられなかった人もたくさんいたのですから」

ニューヨークに移って数年間は、母親が雑多な仕事で家族を養っていたが、やがて父親が精神分析医として診療所を開くことができた。「私はニューヨークにあるコロンビア・グラマースクールという学校に通いました。〔ノーベル物理学賞受賞者の〕マレー・ゲルマンの母校です。彼は私より何年か上で、私はいつも彼と比べられていました。『彼は真に物事を理解していたが、君はただのぼんくらだ』などと言われたものです」

シェラック盤の背景雑音はどうしたら消せるのか

FMラジオが普及し始めたころで、ワイスはアンプをつくって音質を高めるのに十分な電子工学の知識をもっていた。そこでちょっとした商売を手がけた。彼のつくった装置を買った最初の客は血縁のない親戚の〝ルースおばさん〟という人だった。いくら稼いだかは覚えていないが（尋ねもしないのに、ワイスから値段の話を持ち出してきた）、部品代だけ請求したそうだ。彼はこの商売で評判となった。移民のコミュニティーが質のよい音を聴きたがっていたからだ。ワイスの装置でクリアになった音楽を一度聴かせれば、口伝えで客が増えた。

「あのころのレコードは、シェラック盤と呼ばれる初期のレコードでした。シェラック盤では、背景にシューという雑音が聞こえました。ビニール盤ではそんな音はしません。パチパチという音がすることはありますが。シェラック盤の背景雑音はこんな音です。シューーーー。レコード針が絶えず盤面のざらつきに揺さぶられるせいです。私はこの耳障りな雑音をなんとかしてなくせないものかと考えていました。

ベートーヴェンのソナタやそのたぐいの曲の静かなところでテンポがゆっくりになると、必ずそのシューという音が聞こえてきます。どうしたらこの音をなくせるのか。音がたくさん鳴っていれば、雑音は気になりません。ほかの音でマスキングされますから。私は音の振幅の関数として装置の帯域を変える回路をつくれないかと考えました。自分でやるには知識が足りないとわかっていたので、大学でその勉強をする必要があると思いました。

それでMITに行きました。音響工学の技術を学ぶつもりでした。それしか知らなかったので。しかし、すぐに気づきました。技術者になりたいわけではないと。そこで物理学に方向転換しました。なぜ物理学にしたのかは自分でもわかりませんが。……いや、じつを言えば、ひどくくだらない話です。物理学科はほかの学科より縛りがゆるくて、私はまったくいいかげんだったから――縛られるのはまっぴらごめんだったのです」

＊

時空の「録音装置」をつくる

ワイスは、この時間でもまだMITチームのメンバーはみな作業を続けていますよと言う。開いたドアの向こうに何人かの肩が見える。隣の実験室に行くと、さらに人がたくさんいる。ワイスと私は研究開発ラボに入る。床に座ってケーブルの束《たば》をより分ける人、光学テーブルに身を乗り出す人、何かの器具をいじる人、ゴーグルを外して妙に古めかしい故障診断用オシロスコープを見つめる人。驚いたことに、フロッピーディスクが一枚ある。ラボで用いられているテクノロジーはほとんどが間違いなくきわめて堂々たるものなので、フロッピーディスクにはちょっと唖然とする。肉体労働と精密な作業が積み重なり、組み合わさり、フィードバックされ、まとめ上げられて、最終的に装置が完成する。工程の一部の層は垂直なヒエラルキーを失い、水平な体制をなしている。誰もが自分の任務をきちんと理解しているようすで、集団全体がまるで精巧にできたアリのコロニーのように、必ずしもせわしないわけではないが絶えず行動している。休みなく、次から次へと作業が進められる。完成させようとしているものの規模を考えると、一人ひとりが集中力を注いでいる対象は、信じがたいほど凝縮されて微細だと感じられる。誰もがすぐれた技能をもち、過大な負荷や長時間の作業に耐えられる身体も備えている。一人の大学院生が光学テーブルの上でデリケートな装置をそっと動かす。かつてアインシュタインは時空の歪《ゆが》みを予言したが、それから一〇〇年後——あるいはそれより何年か余分にかかるかもしれないが——に宇宙からの音を記録することが可能であろう超高感度の装置の作製に、それぞれが貢献している。

ここでつくっているのは、望遠鏡ではなく「録音」装置である。科学機器であると同時にオーディオ機器と言ってもいいこの装置が使命を果たせば、宇宙の形状における極微《きょくび》の変化が記録できる。この検出器で感知できるほど時空を鳴り響かせられるのは、巨大質量をもつ天体のきわめて活発な運動以外にない。ブラックホールどうしが衝突すると、時空に波が放たれる。中性子星の衝突、パルサーの自転、恒星の爆発、そしてまだ想像すらされていないような天体現象による時空の擾乱《じょうらん》によっても、同じ現象が引き起こされる。空間的な距離と時間的なテンポの収縮と膨張が、海の波と同じように宇宙全体に——時空の形状の変化として——広がっていく。重力波は音波ではない。しかしエレキギターの弦で生じた波がふつうのアンプで音に変換できるのとよく似た仕組みで、重力波も純然たるアナログ技術で音に変換することができる。完璧なたとえではないが、天体の巨大事象はギターの爪弾きにあたり、時空は弦、検出装置はギターのボディーのようなものだ。一次元の弦よりも少し高い次元でたとえるなら、巨大事象はドラムを叩くマレット、時空は三次元のドラムに張られた皮に相当する。この場合、検出装置はドラムの皮の形状変化を記録して、無音の楽譜を私たちに聞き取れる音として奏でる。制御室にいる科学者は、市販のスピーカーで増幅された検出器の音に耳を傾ける。ただしこれまでは、「シューーーー」という背景雑音しか聞こえていなかった。

＊

恋に落ちて始めたピアノが人生を変えた

ここ、MITに置かれた施設はきわめて重要だが、プロジェクト全体の枠組みにおいてはささやかなものである。LIGOの中枢はカリフォルニア工科大学（カルテク）に置かれていて、そこにも検出器のプロトタイプがあるが、別の離れた場所にある二つのフルスケールの検出器と比べればつまらないものに見えてしまう。「観測所に行ったことはないのですか。いつ行くつもりですか。やはり実物はすごいですよ」とワイスは言い、自分が初めて見たときの感動を反芻するかのごとく椅子に背中をもたせかける。フルスケールの検出器は、ワイスがつくった最初のプロトタイプと比べて長さが二五〇〇倍ほどある。私も椅子に背中を預け、検出器の大きさに思いをめぐらす。「部外者を入れたりはめったにしないんですがね」

ワイスは大学に入って以来ずっと、道路が網の目のように走るマサチューセッツ州ケンブリッジで研究生活を送っているが、初めてケンドールスクエアで地下鉄を降りたときにはニューヨークに帰りたくなった。九月の町はじっとりした朝を迎え、工場地区には悪臭が漂っていた。食肉用に解体された動物の残骸からつくった石鹸と動物の脂肪にマヨネーズとピクルスが混ざった、とんでもないにおいだった。そこに加わるチョコレートのにおいも耐えがたい。それでも結局、ニューヨークには帰らなかった。つかのまの貴重な休息を求めてケンブリッジの町から離れる際には、その湿っぽい空気をこらえて歩いていった。もっとも、MITに入学してから最初の数カ月は、好き勝手な行動をしないようにと言われていたが。

「それから今度は恋に落ちました。朝鮮戦争の真っ最中です。私はすっかりのぼせ上がってしまい、彼女をものにするのだと決めて退学し、シカゴまで追っていきました。それまでピアニストでした。そのことが私の人生を変えました。それまでピアノのことなどほとんど考えもしなかったのに、二〇歳でピアノを始めたのです。いや、もっとあとだったかな。とにかく彼女のせいなのです。

それから何年も経って重力波について考え始めたとき、すぐさま気づきました。『おや、LIGOはピアノと同じ周波数域をカバーしている』と。

ともあれ私は彼女にぞっこんで、恋の虜《とりこ》となりました。その先に何があるかなど考えもせずに。当然ながら、彼女は別の男とくっつきました。恋などするもんじゃない――ろくなことはありません。わかるでしょう？　それで私も目が覚めました。このときが私の物理学研究の始まりとなりました。しかし、私のキャリアには退学というキズがつきました」

MIT二〇号棟の思い出

失意のワイスは職を求める大学中退者としてMITに戻り、プライウッドパレスという今にも倒れそうな建物に足を踏み入れた。これは第二次世界大戦の非常事態対策として、キャンパスの端に急ごしらえで建てられたものだった。この仮設の木造建築は寿命がほんの数年と見込まれており、戦争が終わるまでせいぜい数カ月もてばよいと考えられていた。ところがこの建物は、風が吹き込み、快適には程遠く、きしみ、すすけてはいるが、じつは丈夫で、建てつけの悪い窓枠がときにはキャンパスに沿ったヴァッサー通りの先まで吹き飛ばされたりするものの、転用を繰り返して何十年も生き延びた。MITでは建物にそっけない番号をつける方式が好まれ、この建物も正式には二〇号棟という名称しか与えられなかった。しかし通称としては、〝プライウッドパレス〟以上にぴったりな名前はなかっただろう（訳注　プライウッドは〝合板〟を意味する）。見た目はぱっとしないが、仮設であることを逆手に取った科学者たちの半世紀にわたる研究とともに、いつしか伝説的な場所となった。合板の壁や天井には穴が開けられた。資材を運ぶ際には、頭上や薄い壁の裏を通る配管を利用した。タール塗装された屋根とアスベストの断熱材に閉ざされて、騒音とともにアイデアが建物の三フロアを行き交っていた。この懐《ふところ》の深い建物が、ほかならぬその劣悪な状態によって、ここで働く者たちの束縛を解き放つかのようだった。二〇号棟で研究した者から、少なくとも九人のノーベル賞受賞者が誕生した。レーダー、言語学、ニューラルネットワーク、音響工学、重力物理学の分野でも、インスピレーションに満ちた研究が行なわれていた。研究はひとくくりにできないほど多岐にわたり、〝これほど旺盛な創造性を生み出した要因は何だったのか〟という問いに焦点を当てた文化分析さえ行なわれている。建物は当初の予定に反してずいぶん長生きしたが、建設から五〇年以上が過ぎた一九九八年、科学者や近隣住民、それにここを遊び場として育った子どもたちが集まり、プライウッドパレスがいよいよ解体されるのを見送る集《つど》いが開かれた。

ワイスは土地収用の紛争で抵抗する最後の一人さながら、取り壊しに反対した。プライウッドパレスで働く者たちのあいだでは交流が盛んで、予期せぬ交わりはかけがえのない貴重な経験となった。ワイスは、死んだ猫を使って実験する生物学者を手伝ったことがある。「正確には、死にかけの猫でしたが」。生物学者が哀れな猫の体内にプローブを埋め込み、そこに測定用の電子装置をつないでいたのだが、それが故障してしまった。猫好きのワイスは気持ちをなんとか抑え（恐ろしくて目を向けることができなかった）、生物学者が瀕死の猫からデータを集めるのを手伝った。「あそこには、小さなおもしろいコミュニティーができ上がっていたのです」と、ワイスは控えめに言う。

「人手は要らないか？」と尋ねながらおんぼろの三階建ての建物を歩き回ってから六〇年が経ったが、ワイスは基本的に変わっていない——進歩していないわけではないが。人手が必要だという人がいたので、ワイスは二年間、実験技師として働き、それから再び学生となった。「大学院生のときはとても楽しかった。途中で結婚して、妻が妊娠しました。それで大学院を辞めることになりました。辞めるしかなかったのです。しかし、それがなかったらいつまでも大学院生でいたい気分でした。なにしろ楽しかったですから。次から次へと実験をして、金のことなどまるで考えず、だから次々に実験ができました。なかにはふざけたものもありましたが」。博士号を取得したワイスは、タフツ大学とプリンストン大学で働いたあと、教授としてMITに戻った。プリンストンの気候が気に入らなかったからだと説明し、動機をそれ以上詮索されまいとする。

一般相対論を教えながら学ぶ

新米教授として、時空の歪み、すなわち重力に関するアインシュタインの理論である一般相対論を扱う科目を自分でもよくわからぬまま教えていたワイスに、あるアイデアが浮かんだ。「こちらへ来る前はプリンストンにいたから、相対論について多少はわかっているはずだと［MITに］思われてしまいました。……ところが私が相対論について知っていたことなんて、この指先に書き込めるくらいでした。私が言っているのは一般相対論ですよ、特殊相対論ではなくて。

ともかく、一般相対論がわからないと認めるわけにはいきませんでした。重力に関する研究を始めたところなのに、一般相対論がまったくわからないとは言えません。……それで、大変な問題を抱え込みました。学生より少しでも先を行かなくてはいけない。こういう窮地は誰にでも訪れるものですが、このときまさに私がそんな窮地に陥ったのです。ノーとは言えませんでした。

そんなわけで、相対論の講義を担当することになりました。それがLIGOの話とどう関係するかというと、その講義からLIGOが生まれたのです。一九六八年か六九年ごろ、私は綱渡りの状態で講義をやっていました。そこで出てくる数学にはひどく苦労しました。それで、すべてを思考実験で片づけようとしました。講義で扱う内容を、自分自身が理解しようとあがいていたわけですが、その過程で出てくる数学は私の理解を超えていました。それでも私は理解しようと努力を続けました。クラスの学生たちはとても優秀でした。私がダメ教師だとわかっていましたから。しかしその一方で、彼らは講義をおもしろいとも思っていました。私は実験に関する自分の知識を中心にして講義を進めたのですが、そういうやり方はめずらしかったのです。一般相対論の講義で実験に重点を置くというのは、ふつうはやらないでしょう。……講義を放棄する学生はいませんでした。よそでは教わらないようなことを私はたくさん教えましたから。

学生たちから、講義で重力波を扱ってほしいと言われました。……私はドイツ語ができるので、アインシュタインがドイツ語で書いた論文を使いました。……それまでに私が理解できていたのは、二つの物体のあいだで光線を往復させるとそれらの物体に何が起きているか調べることができるという、単純で初歩的なことだけでした。この理論全体から、本当に理解できていたのはそれだけだったのです」

「物体間で光線を往復させて重力波を測定する」というアイデア

「私は思考実験の課題として、『では、物体間で光線を往復させて、重力波を測定するとしよう』というアイデアを提示しました。これは解くことのできる問題ですから。まず、物体が一つあるとします。物体をもう一つ持ってきて、それらを真空中で自由に浮かばせます。ここで二つの物体のあいだで光線を往復させれば、〝光が物体間を往復するのに要する時間

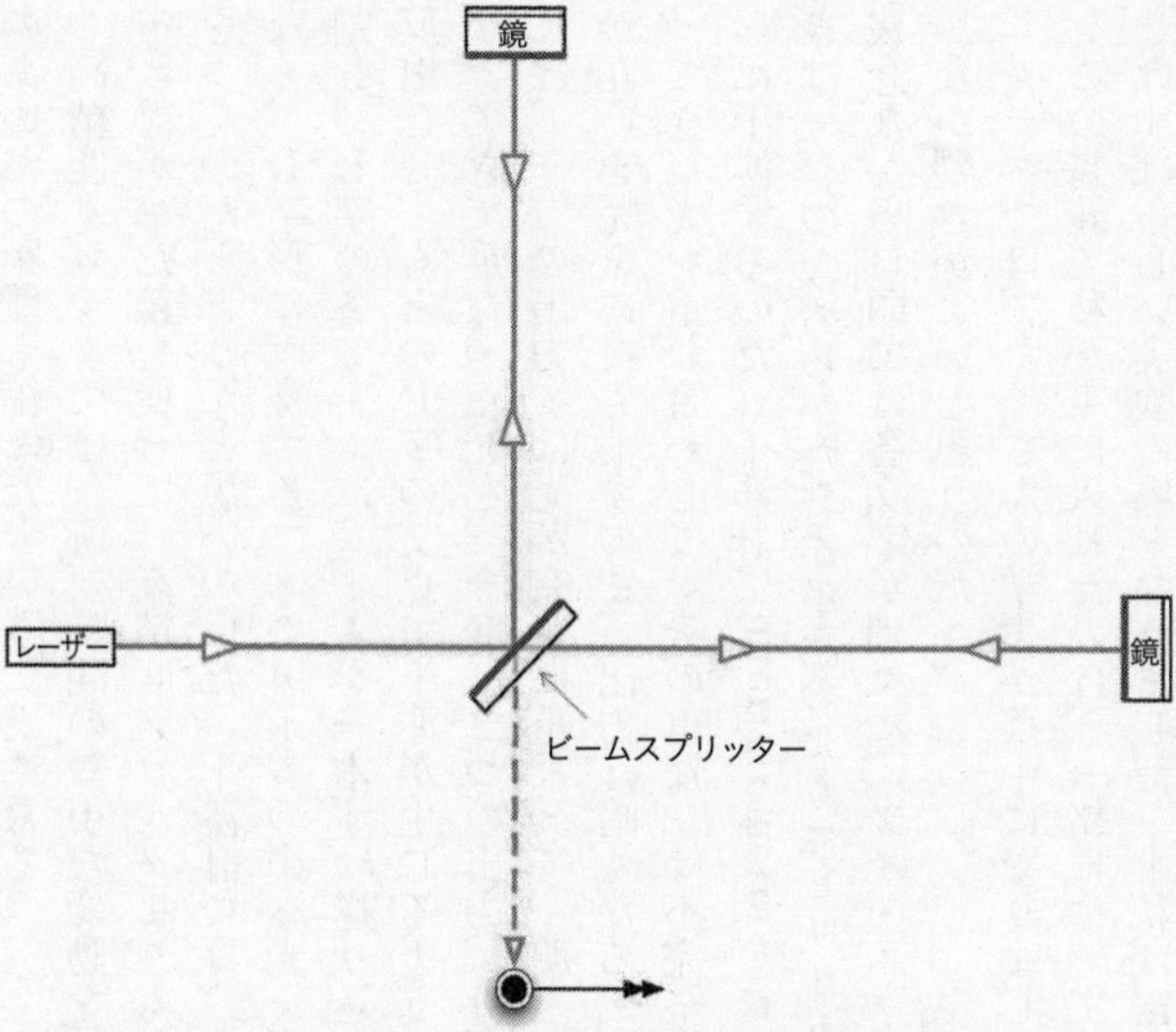

図3　干渉計（マイケルソン干渉計）の基本構造。
（http://www.ligo.caltech.edu/page/what-is-interferometer の解説を参考に作成）

に重力波はどう影響するのか〟という問いの答えが得られます。まるで俳句のような、きわめてすっきりした問題ですね。こんな問題にいったいどんな意味があるのかと思われそうですが」

　要するに、地面と平行に自由に揺れ動くことができるように鏡を吊り下げて、重力波が通過するときの鏡の動きを観察する、ということだ。鏡どうしの距離の変化を追跡すれば、鏡の動きは時空の形状変化の記録となる。光の速度は一定なので、光路の通過にかかる時間から、光路の長さがわかる。この時間がわずかに延びたなら、鏡のあいだの距離も延びている。逆に時間が少し短縮したなら、鏡のあいだの距離も縮んだということになる。

高精度クロックでは、所要時間の微小な変動を識別するのに十分でない。そこでワイスは、宙に浮かべた鏡を使って、高精度クロックよりもはるかに精度の高い〝干渉計〟という装置をつくったらどうかと思いついた。干渉計では、一本のアームの中で光を往復させるのではなく、L字形に直交する二本のアームの中へ光を発射する。レーザー光を二本のビームに分割し、L字の各アームにビームを一本ずつ送り込む。アームの先端に設置した鏡でビームを反射させ、もとのL字の交点で干渉が生じるように、先ほど通ったアームの中を戻らせる。戻ってきて重なった光を、今度は二つの出力に分ける。各アームで光の進んだ距離が等しければ、一方の出力では光が完璧に重なって、明るい出力が得られる。もう一方の出力では光が互いを完全に打ち消すので、出力は暗くなる。二本のアームの長さが等しくなければ、戻ってきた光を重ね合わせてもその重なりは不完全で、いくらか同期がずれてしまう。光が自らに干渉するのだ。干渉計（interferometer）には：i f oという略称がある。文字で書くときは一つのなめらかな音か単語のようにピリオドなしで「ifo」と表記されることが多いが、残念ながら口頭では各文字が別々に「アイ・エフ・オー」と発音される。「アイフォ」もなかなか響きがよいと思うのだが。

「クラスでは、たくさんの学生が夢中になりました。

この講義で私が手に入れたのは、一緒にやってくれる大学院生です。夜に集まって——そこはすばらしい実験の場となりました——私は宙に浮かべた複数の物体とそのあいだを往復する光を使った荒唐無稽な実験のことをずっと考えていました。そんなことをしても、常軌を逸してなどいないと感じられたのです」

一・五メートルの「プロトタイプ」干渉計

理論の進展と自分の実験室で行なっている実験を踏まえながら、ひと夏かけてこのアイデアをじっくり検討すると、ワイスはまだ生きながらえていたプライウッドパレスで小さな干渉計のプロトタイプをつくった。一辺が一・五メートルのL字形で、L字の交点と先端に鏡を配した小型の装置は感度が十分ではなく、時空の形状が変化したと断言できるような事象を検出することはできなかった。しかしこれは概念実証装置であり、これによって方向性が一つに絞られた。そしてワイスと最初の教え子たちは、さまざまなアルゴリズムを考案した。恒星が爆発して重力波のバーストを地球に送ってきた場合や、あるいは互いのまわりを周回する一対のブラックホールが「音」のピッチを上げつつ時空を鳴り響かせ、二つが衝突して一つの大きな沈黙したブラックホールとなるに至る場合を想定し、その仮想データを検証するためのアルゴリズムだった。彼らは〝例の装置〟でなんとか実験を続けたが、地下鉄のレッドライン線がMITのそばを通過するたびに建物全体が揺れるせいで装置の鏡も揺れて役に立たなくなってしまうので、地下鉄の運行が終わるのを待って深夜に実験するしかなかった。ある週末、ワイスはヴァッサー通りを閉鎖することに成功した。ふだんはトラックがこの裏道を通るたびに、装置の調整が乱れてしまうのだ。この偉業について語ると、ワイスは口を閉じたまま笑みを浮かべる。左右の口角に熱気球をくりつけたかのように両頬が盛り上がり、背筋が伸びる。なにしろこんなにひどい条件のもとで、ちゃんと機能するプロトタイプをつくったのだ。ただしあとから考えると、そのようなひどい条件があったからこそ成功できたのかもしれない。

プライウッドパレスが突貫工事で建てられたのは、第二次世界大戦の開戦を受けて国内の研究体制の不備を是正しようとした、政府の意向あってのことである。アメリカは孤立主義の放棄を余儀なくされたが、国内には訓練を受けた科学者や技術者があまりおらず、そのことが軍事研究の支障になると思われた。戦争の圧力のもと、喫緊《きっきん》の要に駆られて、さまざまなテクノロジーがプライウッドパレスと同じく（生産価値はもっと高いが）にわかに生み出された。戦争中には切実な必要性に押されて、レーダーやマイクロ波工学といったきわめて重要なテクノロジーが進歩した。これらはすぐに、平時の生活で用いられる身近なものに取り込まれた。一九六〇年代に入っても、プライウッドパレスの中心的な実験室は軍からの助成金で支えられていたが、おもしろい研究に取り組む科学者や技術者の訓練にその資金を使うということ以外、軍からの条件や指示などいっさいなかった、とワイスは言う。

「そう、研究は機密扱いではありませんでした。軍はとにかく最高にすばらしい資金源でした。当時の軍の務めというのは——ヴェトナムやらいろいろな問題に巻き込まれた人たちはみなひどく誤解していますが——科学者を養成することだったのです。マンハッタン計画や放射線研究所のようなものがまた必要となった場合に、今度こそ苦労しなくてすむように…

…それでなんとしてでも優秀な科学者を育てたがっていて、研究の中身にはまるで無頓着でした」

二〇号棟は概念実証の場だった。独創性と自由とそれらを語るレトリックの国で生まれた多数の勤勉な民間人を擁する、生産性の神殿とも言えた。さほど切実でなく、場合によっては愉快な探求が、戦争協力の派手な成功に支えられ、プライウッドパレスの存続した五〇年あまりにわたって続いた。戦争の残したもう一つの遺産は、研究への資金調達システムだった。教授としてMITに戻ったとき、軍の支援のおかげで実現される自由が、ワイスにはとてもありがたかった。「研究計画書など書かなくていい。実験室の責任者のところに行って頼むだけです。そうすると五万ドルがもらえたりしました。すごい金額です。どこからか資金を調達してくれるから、私は一・五メートルのプロトタイプをつくるための材料をどっさり買い込むことができましたよ」

結果を出さないリスクに耐える

研究者が〝発表せよ《パブリッシュ》、さもなくば《・オア・》消え失せよ《ペリッシュ》〟というプレッシャーに苦しむのは周知の事実だが、プライウッドパレスの独特な気風の中ではそのプレッシャーも弱かったので、ワイスは単純明快な方針と高い基準を堅持していられた。不完全な結果や未熟なアイデア、粗雑な実験を、査読つきの学術誌に出してはならない、ということだ。研究者が立身出世を目指すなら、論文を次々に発表することが欠かせないが、ワイスはそれをしたがらなかった。

「私に関する問題点の一つは私がめったに論文を発表しなかったということで、そのせいでたびたびまずい事態に陥りました。それは問題だったかもしれませんが、まあいいでしょう。……確かに、あとでつけがたっぷり回ってきましたが」

ワイスは大胆で現実的で有能だったが、政治的な野心は持ちあわせていなかった。純然たる好奇心から実験と向き合い、出世には無関心だった。「終身在職権《テニュア》取得には年限があることさえ知りませんでした。そんなことは念頭になかったのです。私は教授として採用されたばかりで、思いつく限り最も興味深い研究をするつもりでした。考えていたのはそれだけです」。彼はその自由な姿勢で研究に臨み、リスクをとった。また、主流派に属する安楽さも放棄した。重力波の発生源となる天体については、まだほとんどわかっていなかった。いつ燃え上がるかわからないバーナーのごとく先行きが不透明で、実験は苛酷なだけでなく、結局うまくいかないかもしれない。いったん成功したと思っても、それから失敗する可能性だってある。

「学科の人間たちから、私の身の上が心配になってきたと口々に言われました。私の始めた研究プログラムがあまりにも時間を要するから、もっと手っ取り早く結果の出ることをやったほうがいいのではないかと彼らは考えたのです。ところが私はそんなアドバイスに耳を貸すようなタイプではありませんからね。重要な問題に取り組むのなら、どれほど時間がかかろうとかまわないのです。

天体物理学部門のトップはバーニー・バークで、彼が私の指導係になりました。私はいやでしたが、向こうが勝手にそうしたのです。それがバーニーのやり方です。それで私を諭《さと》そうとしていました。『なあ、このままではテニュアがもらえないぞ』と言われましたが、私はそもそもテニュアなんてものを知りませんでした。『今のやり方を続けていてはだめだ。君が今やっているのはまったく意味のないことばかりだから。それに論文も発表していないじゃないか――十分には』とか、そんなたぐいのことを言う。『まともなことをやらないと。それに論文の発表も』

特定の学生を長く干渉計にかかわらせておくことはできなかった。そもそも、博士号を取得するだけの時間で開発できる規模の技術ではない。プロジェクトの完了までには、学位の取得に費やせる期間の何倍もかかりそうだった。もっともワイスは、それが実際に何倍になるかまでは考えなかったが。同僚たちに自分のアイデアそのものをあざ笑われることにも耐えた。完全に稼動する装置ができ上がるのは、はるか先の話だった。時空を十分に大きな音で鳴り響かせるほどの激烈な天体現象など本当にあるのかとたびたび指摘されたが、その懸念に反論するすべもなかった。

立ち消えるプロジェクト

ワイスは人生の岐路に立たされた。研究の目標を達成するには大きな装置が必要だ。それも超巨大でなくてはいけない。これまでにつくったプロトタイプより何千倍も大きく、少なくとも数キロメートルの長さが必要だ。ＭＩＴのキャンパスの幅より長くなる。何千倍という常軌を逸した実験規模の拡大を迫られた、というのは、プロジェクトを取りやめることにするのに十分な理由と言えた。彼は論文を発表していなかった。指導学生たちは別のもっと王道を行くプロジェクトに移るしかない。ワイスはテニュアがもらえないかもしれない。そうなれば首を切られるのに等しい。そのうえ、軍からの支援で資金がまかなわれる実験室の安楽さが不意に断たれてしまった。「ヴェトナム戦争で何もかも厳しくなってしまったのです。……残念なことに、ヴェトナム戦争が割り込んできて、マンスフィールド修正条項（訳注　明確な軍事目的をもたない研究に対する軍の資金提供を禁止する法案）が成立し、それで私はとどめを刺されました。……このころから、軍による支援が終息に向かっていきました。科学者は軍の僕《しもべ》だと世間に思われるようになりました。これは国民にとって許しがたいことです。国民はヴェトナム戦争に憤《いきどお》っていましたから。科学者に対する国民の反感は、反ヴェトナム戦争運動の一部だったわけです……しかし私がやっていた研究は、軍とは無関係でした。だから私はすぐさま、生涯で初めての研究計画書を書いたのです」

ワイスは一・五メートルのプロトタイプの研究を続けるために、国立科学財団（NSF）に計画書を提出した。一九七三年ごろのことらしい。しかし計画書は却下された。資金がなく、学生を実験室に置いておけるまともな計画もなく、ワイスは宇宙論上の別の実験にエネルギーの注ぎ先を替えた。ビッグバンの残光を測定することにしたのだ（このとき彼は、ロを出してきてその後もよいアドバイスをくれたバーニー・バークに感謝した。バークのおかげでワイスと学生たちは窮状を脱し、宇宙論にかかわる重要な実験に進むことができた）。

彼は事態を切り抜けただけでなく、成功を収めた。しかし重力波検出に関するアイデアのほうは、じつは荒唐無稽ではなかったのだが、立ち消えるしかなさそうだった。

＊

ドイツチームに水をあけられて

計画書を却下されたことに落胆させられてからおよそ一年後、マックス・プランク研究所のドイツ人物理学者から電話がかかってきた。「ハインツ・ビリングスという人物でした。干渉計の進捗《しんちょく》状況を知りたがっていました……向こうは次のステップを探していて、こっちのアイデアに飛びついたというわけです」。ビリングスがどうやって二〇号棟の小さな干渉計のことを聞きつけたのかわからなかった。この研究について提出した論文らしきものといえば内部報告書だけであり、人の手にいくらかは渡るにしても、一般の図書館にまで出回るとは思えない。この点を追及すると相手は、NSFに提出して却下されたワイスの計画書を読んだのだと認めた。重力波研究に本格的に携わる実験家はみな、NSFからあの計画書を送りつけられ、その価値について意見を求められたのではないかとワイスは思っている。

「当時、私たちは［干渉計を］機能させるところまではたどり着いていませんでした。それでも向こうは研究に乗り出しました。人を止めることはできません。無理なのです。実際、初期の開発はマックス・プランクのグループがほとんどやりました。あちらには資金がありましたから。私はいつもうらやましくてたまりませんでした。金があり、経験の豊富な専門家もたくさんいるのですから。……向こうはすぐさま干渉計の研究を進めたというのに——一九七四年ごろだったかな——私は先へ進むことができませんでした」

ワイスはドイツ人チームが研究を進めているのを喜ぶ一方で、ねたみも覚えた。NSFに却下された計画書が、ドイツでは科学研究の計画書としてこれ以上ないほどの有意義な扱いを受けているではないかと、彼はNSFに苦情を訴えた。その言い分はもっともだったので、NSFはMITのプロトタイプを完成させるのに十分な資金を彼に与えることになった。一方、ドイツチームは非常に統率のとれた技術者たちからなり、資金も確保されていたので、「見事な手際でこれをつくり上げました」。ドイツの干渉計は長さ三メートルの美しいものだったが、ワイスのと同じく、重力波を検出するにはやはり小さすぎた。干渉計のミニカー版とでも言うべき、おもちゃのようなものだった。

干渉計のアイデアは広まり、実体のあるものとなって規模と技術が成長していった。アイデアはほかの科学者たちの手にも渡り、まさに彼らの手で材料がはんだ付けされ、溶接され、ボルトで留められて、形のないアイデアから現実の金属やレーザー光へと姿を変えた。ワイスの劣勢は著《いちじる》しく、挽回することもほぼ不可能だと彼は悟っていた。実物を、フルスケールの機械を、究極の録音装置を、音響工学を天文学に応用した究極の成果を、自分はつくれないのだ。俳句のごときシンプルなアイデアをひねり出したのは自分なのに、それがほかの者によって実体化されるのを眺めているしかない。彼はそれでもあきらめず、ほかの実験で成功を収める一方で重力波の計測方法の開発を続け、干渉計実験室の学生をよそに派遣したり、よそから学生を受け入れたりした。ワイスは幼いころからクリアな音質《ハイ・フィデリティ》を実現する――「音楽を雑音なしで楽しみたい」――という大きな夢を抱いていたが、この型破りなプロジェクトは、その夢と地続きのものだった。しかしこのプロジェクトは真価が認められず、よそとまともに競争さえできない貧弱な実験室で進められていた。

ワイスは言う。「そんなとき、キップに出会ったのです。それが次の大きな転機となりました」

3章　天の恵み

七〇年代のボヘミアン

キップ・ソーンは押しも押されもせぬ天体物理学者であり、多大な影響力をもつ卓越した相対論研究者だ。逆三角形の白いあごひげの周囲を色の濃いひげが縁取っていて、まるで白いシャツフロントが栗色のラペルに囲まれて輝きを放っているかのようだ。長く伸ばしていた髪は失われて久しいが、六〇年代と七〇年代のボヘミアン精神は消えがたく残っている。ソーンは天体物理学者として稀有な影響力をもち、熱狂的とも言える称賛を得ている。しかし間近で見ると、ひげの位置や長さ、色といった特徴が妙に気になってしまう。

一九七〇年代の終盤、カルテクですでに教授として業績を重ねていたソーンは、何か大きなことを手がけたいと思っていた。彼は理論家であり、豊かで細やかな知性の持ち主で、きわめて抽象的な概念にも幅広く対応できるが、カルテクで観測にかかわるような、何かリアルなことをやりたかった。権威と才能を備え、宇宙の謎を解明する務めを負った彼は、アメリカ北東地方へ赴いた際に、ちょっと散歩でもすれば〝自分のもつものを使って、私は何をなすべきか〟という問いへの答えがつかめるのではないかと期待して、見知らぬ街を歩いていた。価値のある天然資源を求めて探鉱者が地中をのぞき込むように天の恵みを求めて空を仰いだりはしなかったかもしれないが、宇宙のもつ貴重な財産のうちどれを地球に取り込むべきかと考えていた。そして、重力波検出の探求がよいという結論に至った。結論に至ったというより、直感したというほうが正しいかもしれない。

キップ・ソーンの一族は、鉄道が敷設されるよりも前にユタ州へ移住した。教養のある両親は何世代も続く伝統的なモルモン教徒の家系だが、その因習に反してフェミニストだった。父親のD・ウィン・ソーンは土壌化学者で、ユタ州立大学の教授だった。縁故主義を禁じる当時の法律のせいで、母親のアリソン・（コーニッシュ・）ソーンは経済学の博士号をもっていたのに夫と同じ大学で教授になることができなかった。その大学で女性学の講座を始めたが、正式なポストは与えられていなかった。父親が亡くなってかなり経ったころ、母親は三人の娘を二人の息子が両側からはさむように並んで座らせると

図4　キップ・ソーン。
© SIPA/amanaimages

（「モルモン教徒にしては小さな家族だ」とソーンは軽口を叩く）、女性の扱いに関する慣習に納得できないので教会とは縁を切ると告げた。娘たちの除名には教会側も嬉々として応じたが、息子たちについては態度が違った。「教会を説得するのに苦労しました」と彼は笑う。母親が亡くなったときには、地元紙の一面に「急進主義の長老、死去」という見出しの訃報《ふほう》が載った。母親に対するソーンの思慕は、今でもありありとわかる。彼の自由な精神――まさにソーンにぴったりなフレーズだ――は、親から受け継がれたものなのだろう。

ジョン・ホイーラーとの出会い

幼いころ、ソーンは除雪車の運転手に憧れていたが、八歳のとき母親に連れられて行った天文学の講演を聴いて気が変わった。そんなわけで、天文学との出会いはまったくの偶然だった。ユタ州の空の下で身に着けた数学の能力が目印にでもなったかのように、ソーンはあたかも運命に導かれるかのごとく天体物理学に向かっていった。強い影響を受けることになる指導教官のジョン・アーチボルト・ホイーラーに出会ったころには、除雪車への夢で決意が揺らぐことはなかった。

指導教官となった高名なホイーラーは、ソーンが入学するおよそ一〇年前の一九五二年、プリンストン大学で初めてとなる相対論の講義を担当した。ホイーラーはこのテーマについて教えるだけでなく、自分も学ぼうともくろんでいた。どうやらこれが物理学教授の定石らしい。一般相対論の指導という新たな使命は、その後もホイーラーの生涯にわたって続くことになる。彼は物理学専攻の博士課程学生四六人（教え子のなかで最も有名なリチャード・ファインマンの名を挙げぬわけにはいかない）を指導した。アメリカにおける相対論の祖父と称されるホイーラーは、ソーンを含む偉大なアメリカ人相対論研究者の第一波を生み出し、それに続く世代の研究者も多数送り出した。プリンストンではよそから来た客が自分のやっている研究の発表を求められるという悪評の高い昼食会が開かれるが、私はこの席でホイーラーと一緒になったときのことを覚えている。すでに八〇代だった彼は王のような威厳を帯び、ラッパ形補聴器を使ってなんとか発表を聞き取ろうとしていた（あるいはラッパ形補聴器というのは、私が勝手に描いた空想だろうか）。

ホイーラーは、核兵器計画から離れると相対論の研究を始めた。彼は一九四二年から終戦まで、プルトニウム生産用原子炉の設計と運用に力を貸していたのだ。プルトニウム製造施設は巨大で、二億五〇〇〇万ワットの電力が生産できるようにつくられていた。これはタイムズスクエアの派手な電飾を輝かせるのに必要な電力の二倍弱だ。この生《なま》の電力を装置に注ぎ込み、戦闘機で標的の上空まで運んで地上に投下すると、二〇キロトンものTNT火薬に相当する爆発が起こせる。アメリカ国内での実験でプルトニウムを使った核分裂爆弾が砂漠を照らすと、その光景を見た物理学者、オッペンハイマーの頭にはヒンドゥー教の聖典『バガヴァッド・ギーター』の「今や私は死神となり、世界の破壊者となった」という印象的な一節が浮かんだという。それから一カ月も経たぬうちに、ウラン核分裂爆弾のリトルボーイが広島の上空で爆発し、その三日後には長崎でプルトニウム核分裂爆弾のファットマンが爆発した。

ホイーラーと核兵器開発

自分には市民としての義務があると信じたホイーラーは、自身の犠牲や家族への圧力、研究活動の中断をものともせず、戦争協力に身を投じた。この務めへの呼び声を感じるまで、彼はプリンストンのファインホールという喫茶室でよくラジオに耳を傾けていた。イギリスの大学をまねたような妙に上品な空気に包まれ、アルベルト・アインシュタインとの親交をはじめとして亡命してきた知識人と付き合いがありながら、ドイツの暴虐のうわさを信じる気にはなれなかった。そして実際、信じなかった。彼自身の言葉によると、彼はドイツ物理学会の会員であることからプロパガンダのビラを入手した。それを平然と読んでいるところに出くわして、同僚たちは驚愕したという。ホイーラーは自伝の中で、ドイツ国家へのシンパシー、ドイツが支配的立場につけばヨーロッパに安定がもたらされるという確信、両親から受けた非難、そして戦争の進展に伴ってドイツへのシンパシーが徐々に薄らいだことをつづっている。彼はまた自身の判断の誤りについても率直に記している。ドイツの暴虐を報じるニュースが重なったことから、自らの過ちを全面的に認め、両親の見方を受け入れたのだ。

「五〇年以上経った今、あのころ私の頭の中がどうなっていたのか思い出すのは難しい。……ドイツ打倒に力を貸そうと、自分にできるあらゆることをしていたときでさえ、どこにいても人間というのは基本的に節度をもった存在だという信念にすがっていた。……戦争が終わるころには、もう少し物事がわかるようになっていた。それでも一九四七年にアウシュヴィッツを訪れるまでは、ドイツの野蛮がもたらした恐怖が真に理解できていなかった」

真珠湾が攻撃された翌日の一九四一年一二月八日にアメリカが日本に対して宣戦布告すると、ホイーラーは戦争協力を続けようと決めた。物理学者たちは学術界から流出し、自分の能力が生かせる場を求めて、MITのプライウッドパレスや、ニューメキシコ州ロスアラモスとテネシー州オークリッジにある核研究施設など、国内の各地へ移っていった。一九四二年の初めまでにホイーラーはシカゴで職を得て、それからデラウェアに移り、一九四四年にはワシントン州ハンフォードの巨大なプルトニウム原子炉と対峙した。これはアメリカがドイツを敗北に導くための原子爆弾製造だけを目的とした施設だった。それからほんの数週間のうちに、原子炉の出力が増強された。また、ヨーロッパに配置されていた弟のジョーが軍事行動中に行方不明になったという知らせがホイーラーに届いた。是《ぜ》が非《ひ》でも核兵器をつくるのだという決意はすでにホイーラーの中にあったが、それがいっそう強まった。「一九四六年四月に発見されるまでの一八カ月、ジョーの遺体は骨だけとなって、一人の同僚の遺体とともに、殺された山中のたこつぼ壕《ごう》に残っていた」と彼は記している。原爆投下の正当性に異議を申し立てる人がいれば、自伝に書いたのと同様にこんな答えを返すのだった。「原爆計画があと一年早く始まってあと一年早く完了していれば、一五〇〇万人の命が救われたはずだと考えざるをえない。そして弟のジョーもその一人であったに違いない」

一九五〇年、冷戦が激化するなか、国家存続への懸念から水素爆弾をつくる取り組みにホイーラーは加わった。友人や同僚の多くは彼の挙げる理由を受け入れず、そんなことにかかわるなんてと批判した。彼はこの行き違いに苦悩したが、弁解はしなかった。オッペンハイマーさえ、無限のパワーをもつ可能性のある水素核融合爆弾の製造計画に当初は反対していた(のちには支持に回った)。ホイーラーは、オッペンハイマーから機密取扱権限を剝奪することになる一九五四年の公聴会での証言はしなかったが(悪名の高いエドワード・テラーは証言した)、このときに出された証言や決定にまったく共感していないわけではなかった。今、もって回った二重否定を使ったのは、私自身がホイーラーの心情をこれ以上詳しく記述する立場にあるとは思わないからだ。しかしソーンは自分がその立場にあると思っている。彼は自身がホイーラーと交わした議論を踏まえて、もっと端的に言ってよいと教えてくれた。つまり、ホイーラーは共感していたということだ。

ホイーラーは、連邦議会下院の非米活動調査委員会にも全面的に反対していたわけではない。さらに、沈黙の罪ゆえに学者たちを象牙の塔から追放した熱狂的な反共主義に対しても、やはり全面的に反対というわけではなかった(ちなみにワイスの父親は、この粛清《しゅくせい》の時期に危惧の種がずいぶんあったらしい。ワイスによると、父親はレーニンやトロツキーと一緒に写った自分の写真を破り、「大嘘をつきました」。共産主義にかかわるいかなる記述も隠さねばと、息子に頼んで患者のカルテをギリシャ語のアルファベットを使った暗号に書き換えさせた「aをαに、bをβに、という具合に」が、これはヨーロッパ人のあいだで一種の流行となっていた——流行していたのは暗号ではなく共産主義だ。共産主義活動への関与を疑われた者はみな、関係者の名前を言えと圧力をかけられた。それでフリードリヒ・ワイスの名も出てきた。ホイーラーはこの種の行為についても全面的に反対ではなかったかもしれない)。

核兵器の科学から導かれたブラックホール

国家への奉仕を願う切実な思いがいくぶんやわらいだのを感じて、ホイーラーは再び純粋科学に気持ちを向け直すことができた。しかし原子力とかかわった経験によって、科学をめぐる関心の方向性が強力に形づくられた。苦心して得た核物理学の知識が、人を殺す新たな恐ろしい方法につながってしまった。感情とは無縁の物理法則が、モラルに影響されることなく地球外でも同じく働いている。苦労の末に習得したそれらの法則に関する知識はまた、〝太陽はなぜ輝くのか〟といった古くからの重大な問いに対する壮大な答えももたらした。リトルボーイやファットマンを爆発させたのと同じ科学を用いて、この問いに答えることができる。生きている恒星は、熱核反応により単純な元素を燃やし、それによって天空で輝きながら生き続ける。一秒間に何百万トンもの水素を燃やす太陽は、容赦ない水素爆弾のようなものだ。この高温のエネルギーによって恒星は膨張した状態と強い圧を保ち、そのおかげで完全な重力崩壊に抗《あらが》える。この状態が非常に長く続く。数十億年が過ぎ、燃料となる軽元素が使い尽くされて、もはや核融合で十分なエネルギーが生み出せなくなると、燃えさかっていた恒星の温度が下がり、巨大なガス体を空中で維持していた外方向への圧が働かなくなる。そして、恒星は自らの重みで崩壊し始める。それからどうなるのか？　ホイーラーの考えでは、重力崩壊の最終状態に関する問いこそ、当時の物理学において最も重要な未解決の問題であった。

恒星崩壊への関心から、相対論への関心がかき立てられた。死んだ恒星の崩壊とその死の最終状態について解明するには、核物理学だけでなく重力についても理解する必要がある。そして重力は、時空の歪《ゆが》みの数学的記述である一般相対性理論と同義になっていた。重力は死にゆく恒星を押しつぶすが、核力がその圧縮に抵抗する。勝つのはどちらの力か。

一九三九年、ナチスによるポーランド侵攻とタイミングを同じくして、J・ロバート・オッペンハイマーと指導学生のハートランド・スナイダーが画期的な論文を発表した。理想化した恒星について考察したその論文では、高密度で巨大な死んだ恒星は一気に崩壊し、最終的に消滅するという主張がなされた。第二次世界大戦中のことであり、とにかく生き延びなくてはならないという切実な課題と比べれば重要性の低いこの論文はすぐには日の目を見ず、彼らの力は別の場所に注がれることになる。ジョン・ホイーラーは一九五〇年代終盤にこのテーマに着目したが、その際にオッペンハイマーの研究を批判して相手を怒らせた。単純化のためになされた仮定に問題があると指摘し、この仮定が非現実的なので結論は信頼できないと訴えたのだ。ホイーラーの推測では、一方的な崩壊が続いて最終的に恒星が持ちこたえられなくなるということはないと思われた。しかし、プリンストンの彼のチームは核分裂と核融合に関して戦後に得た知見と新たなコンピューターを駆使し、オッペンハイマーに対して投げかけた批判に自ら決着をつけた。そして、恒星の墓場のカタログを完成させたのだった。

数十年にわたる研究の成果を要約すると、恒星の死には三つのパターンがある。太陽くらいの恒星は、白色矮星《はくしょくわいせい》となって死ぬ。白色矮星は縮退物質からなる低温の球体であり、サイズは地球と同じくらいで、高密度に詰まった電子の圧が十分にあるおかげで完全な崩壊をまぬがれられる。これよりも重い死んだ恒星は、中性子星として安定した終焉を迎える。中性子星とは、縮退した核物質からなる直径二〇〜三〇キロメートル程度の球体で、白色矮星よりさらに密度が高く、高密度に詰まった中性子の圧によって完全な崩壊をまぬがれることができる。だが、最も重いタイプの恒星はもはや原子核のもたらす圧に頼ることができず、抗いようのない崩壊が不可避となる。

一九六三年、ホイーラーはある会合でさっそうと登壇すると、とめどない重力崩壊についてて講演し、二五年近く前にオッペンハイマーとスナイダーが主張したことは正しかったと認めた。奇妙なことに、聴衆の中にオッペンハイマーの姿はなかった。ホイーラーの批判に依然として気分を害していたのかもしれないし、和解に関心がなかったのかもしれない。あるいはホイーラーの功績を称えることに関心がなかったのかもしれない。いずれにしても、オッペンハイマーは講堂の外のベンチに座り、友人たちとしゃべっていた。このころには、〝世界の破壊者〟たるオッペンハイマーの関心はよそへ移り、理論物理学における彼の最も奇抜で最終的に最も偉大な業績となったテーマには関心が向かなくなっていた。一九六七年、オッペンハイマーが亡くなってまもなく、講演中に「完全に崩壊した、重力をもつ物体」と何度も言うのが面倒になったホイーラーは、究極の死んだ恒星を指すのにぴったりな言葉はないかと探していた。すると聴衆から声が上がった。「ブラックホールはどうですか」（ワイスの言葉を借りると、「事実をずいぶん端折《はしよ》っているが、まあそういうことにしておきましょう」とのことだ）

崩壊していく恒星は、押しつぶされた電子の抵抗を突破し、中性子の抵抗も打ち破る。恒星を形成する物質が十分に圧縮されると、この崩壊しつつある物体の周囲で時空の歪みが激しくなり、そばを通過しようとした光さえとらえられてしまうことがある。崩壊が続くなかで、まるで押しつぶされた物質のあとに時空が光の脱出速度を上回る速度で漏れ出てくるかのように、光はこの漏れ出た時空の境界を画する時空面から逃れられなくなる。この、いったん入ったら二度と脱出できない領域の境界を〝事象の地平面〟と言うが、その〝面〟はじつは、時空の形状そのものに刻まれている。事象の地平面が真っ暗な影を投じているその奥に、ブラックホールが形成されているのだ。ブラックホールはもはや恒星ではなく、物体ですらない。事象の地平面という影を投げかける粉砕された物質は、さらに崩壊を続けてやがて消え去る。ブラックホールというのは、まさにその影にすぎないのだ。

相対論的天体物理学の黄金時代

ホイーラーは、ブラックホールと量子力学の時代というこの華々しい舞台にキップ・ソーンを導き入れた。ソーンは相対論を教え込まれた物理学者の第一世代だ。未解決の重大な天体物理学的問題が相対論によって解明されるのを待つ時代に成熟するという幸運に恵まれたうえに、その幸運を最大限に生かす才能にも恵まれていた。

優秀な学生であり共同研究者として労を惜しまないソーンは、戦時中に子ども時代を過ごした若者であり、変節した平和主義者でもあった。私は最初、〝平和主義者〟とだけ書いたのだが、ソーンはそれを訂正して「まるで違うね」と言った。「第二次世界大戦の恐怖とその余波を経験し、スターリンの粛清についても知っている。私は平和主義者からは程遠い人間でした」。それでも彼の政治志向は指導教官であるホイーラーとかみ合わなかった。ソーンは冷戦の軍拡競争を突き動かす要因として、おびえと無知を感じ取った。しかしホイーラーが批判されながらも熱核兵器計画の増強にかかわっていたことが、彼の差し出す知的背景の一部をなしていることは否定できなかった。水素核融合爆弾は無限のパワーをもちえる。つまり大量殺戮兵器となる。この超強力爆弾について考えるソーンの頭に浮かぶのは、〝忌まわしい〟という言葉だった。ソーン自身の関心は、純粋な意図から生じていた。それは純粋な天体物理学という純粋な知識であり、その知識は同じ地球に暮らす誰のものでもないと言えるし、逆に万人のものであるとも言える。水素爆弾は道義的に忌まわしいが、その根底にある核物理学自体に道義的な性質が備わっているわけではない。核物理学に対する悪意のない関心から、ソーンは機密取扱権限をもつ友人たちが答えたがらない技術的な問題の答えを探した。彼が知性の目を向けた先は爆弾ではなく恒星進化を推進する核反応過程だったが、ホイーラーが看破したとおり、そこに作用する物理学は同じだった。

政治的な違いはさておき、ソーンはほかの多くの人たちがホイーラーを敬愛するのと同じすべての理由ゆえに、指導教官を敬愛した。ホイーラーに惹かれたのは、その政治的姿勢ではなく才能と知的寛容さゆえだった。ホイーラーが操る魔法のような力は、たとえば彼が（共著者の助けを借りて）執筆した自伝に書かれたこんな言葉に見て取れる。「私は八〇代になったが、まだ探求を続けている。しかし科学の探求は理解の探求にとどまらないということを私は知っている。創造を求める衝動、すなわち世界に以前よりもいくらか余分に美と統一性を与えてくれるような世界のビジョンや地図や像を構築したいという衝動こそ、科学の探求を突き動かすものなのだ」

抽象的な数学的特異事象だったものが、ソーンと彼の世代にとっては、実体をもつ征服可能な天体物理学的領域となった。死に絶えた、漆黒《しっこく》の天体であるブラックホールは、周囲の時空をかき回しながら皮肉にも、まばゆい光にも比すべき、宇宙を貫くハイパワーの信号を放つ。しかし一九六〇年代から七〇年代にかけてはまだ、そのことを裏づける証拠をめぐって熱い議論が交わされていた。ソーンは、脈動するブラックホール、呑み込まれた恒星の降着、重力波の放出について、その理論上の詳細を徹底的に研究することができた。また、ワームホールとタイムトラベルに関する理論を構築した際には、技術的な制約がなく物理法則のみに制約される高度文明に関する思考実験が現実によって促進された。学術誌に書かれていた数学的証明が大衆文化へとあふれ出て、ＳＦファンタジーの正しさが計算によっていくらか証明された。相対論的天体物理学におけるソーンの業績が、これらの土台をなしている。彼自身が言っているとおり、このころは黄金時代だった。一九七〇年、ソーンは三〇歳でカルテクの教授に就任し、有名になり、その考え抜かれた緻密で独創的な理論による成果ゆえに幅広く尊敬を集めた。

とらえどころのない〝重力波〟に狙いを定める

ソーンの指導教官の世代は、きわめて重要な目的への使命感に突き動かされていた。彼らの研究によって、失われた命がある一方で救われた命もあった。世界大戦も終結した。科学研究の行く手には、もっと抽象的ではあるがまばゆい希望が輝いていた。だがソーンの場合は、職業上の出世よりももっと自らの身を捧げる価値のある大義への責務を感じていたのかもしれない。彼は宇宙と交わる新しい方法の提唱者となり、教化者や擁護者――〝福音伝道者〟という宗教的な言葉を使うのは控えるが――にもなることができた。彼は天の恵みを地上に取り込んで周囲のコミュニティーに分け与え、人々を駆り立てて、全体として個々のいかなる貢献をも（彼自身の貢献さえも）超えるムーブメントを起こすこともできた。天文学者たちがせっせと望遠鏡で空の光を集めている一方で、ソーンは光波から得られる像ではなく重力波から得られる音によって宇宙について考察できるということを理解していた。あまりにも月並みだがピンチョンを引き合いに出せば、ソーンは重力の音楽を通じて宇宙を探究する可能性を見て取ったのだ（訳注　アメリカの作家トマス・ピンチョンの長篇小説『重力の虹』を踏まえている。邦訳は佐藤良明訳、新潮社)。

私の見たところ、ソーンは注意深いが警戒心は強くない。彼の計算は落ち着いて慎重に行なわれ、遅いとしか言いようのない場合もある。しかし、緻密と躊躇《ちゅうちょ》は同義ではない。彼の研究はまた、大胆な推測、果敢なリスク、潔い勇気で彩られている。ソーンは自分の検討したすべての研究テーマ候補のうちで、重力波が最もスリリングだと思ったかもしれないが、重力波は何にも増して論争的なうえに、なによりつかまえにくいということにも思い至ったに違いない。重力波は正体をとらえるのが困難で、不明な点だらけだ。視点を変えて、空間と時間の相対性に立脚すれば、そうした不明な点が振り払えるかもしれない。そもそも重力波というのは実在するのか。むしろ空間と時間をとらえる際の不手際から生じた人為的なエラーのようなものではないのか。

アインシュタイン自身は、重力波が本当に存在するのか確信できなかった。一九一六年のある時点では、存在しないと考えていた。しかし同じ年の別のときには、存在すると考えていた。一九三六年には、重力波はやはり存在すると思っていたが、ここへ至るまでにも考えは揺れ動いた。この研究を手がけていた最中に行なった講演で、アインシュタインはこう語っている。「重力波は存在するのかしないのかと問われたら、わからないと答えるしかありません。しかし、これはきわめて興味深い問題です」

一九七〇年代になっても、疑念がすべて払拭されたわけではない。それでも長年にわたる議論から、理論上の確固たる像が生まれていた。誰もが重力波の存在を確信していたわけではないにしても、ソーンは信じていた。一九六二年にジョン・ホイーラーのもとで博士課程の研究に踏み出したころには、重力波が存在しないはずはないということが自分にとっては明白だとさえ言った。それからさらに二〇年間は議論が続いたが、議論する人もだんだんと減っていった。一九七二年、指導していた博士課程学生（のちに著名な物理学者となるビル・プレス）との共著で《アニュアル・レビュー・オブ・アストロノミー・アンド・アストロフィジックス》に発表した論文の中で、ソーンはこの分野に関する展望を説明している。それは夜更けの散歩中に浮かんだ考えであり、カルテクが関心をもってしかるべきアイデアだった。そしてその後の数十年にわたってソーンのキャリアの指針となった。

重力波とは何か、本当に存在するのか？

概念のうえでは、光速という、万物に課された速度の上限を考慮すれば、重力波は存在すると考えざるをえない。二つのブラックホールが互いのまわりを周回する場合、時空の形状の歪みがブラックホールのあとを追うことになるが、時空の形状の変化は、ブラックホールの影響を受けると同時に起こるわけにはいかない。というのは、その変化がタイムラグなしに起こるには、光の速度を上回る速さで情報（ブラックホールの運動に関する情報）が伝わる必要があるからだ。ブラックホールが移動すると、時空の歪みが変化して適応する。これらの変化は波の形をとって、徐々に増大しながら光の速度で外側へ伝播されていき、この激しい天体運動からエネルギーを運び去る。

この研究には、莫大な報いが約束されている。ソーンがたびたび言っているとおり、これらの「宇宙からの新たな使者」によって「宇宙に対する新たな窓」が開かれるはずだ。しかし、この天体事象とそれが重力波に与えるはずのエネルギーについては、詳細がほとんどわかっていなかった。重力というのは、既知の力のうちで最も弱い。二個の電子のあいだに働く重力は、電磁相互作用の一兆分の一の一兆分の一の一兆分の一よりも弱いのだ。地球全体が及ぼす引力でさえ、人間の筋肉だけで容易に抵抗できる。ジャンプするだけでよい。このうえもなく感度の高い装置を鳴らすのに十分な強さの重力波を発することができるのは、考えうる限り最も密度の高い質量とエネルギーから生じる最も力強い作用だけなのだ。

時代の幸運がこの挑戦の困難に打ち勝った。相対論の黄金時代が、予期せぬものに満ちた宇宙に関する途方もない考えを促したのだ。音によってとらえられる宇宙は、視覚でとらえられる宇宙と同じくらい豊穣かもしれない。ガリレオは、私たちを取り巻く天文学上の〝庭〟にある太陽や惑星に望遠鏡を向けた。月面に連なる山々を見て、この天体は神聖なる完璧な球体ではないと判断した。木星のまわりを複数の衛星が周回し、土星のまわりに環《わ》がいくつもあるのを見て、私たちが世界の中心ではないことをついに明らかにした。それからの数世紀にわたり、私たち自身の太陽系や銀河系のかなたに存在する天体が続々と視野に入ってきた。干渉計もそのような天体をたくさんとらえるかもしれない。宇宙からの音を記録すれば、漆黒の闇の中で起こる、予期せぬさまざまな現象がにぎやかな歌声を聞かせてくれるかもしれない。それではこのへんで、ソーンとワイスが出会った日の経緯に話題を移そう。

ワイスとソーンの邂逅《かいこう》

一九七五年、ワイスとソーンはそれぞれNASAの委員会の会合に出席するためワシントンDCに赴いた。ソーンはカルテクで行なう実験的重力研究の計画書を近々提出することになっていたので、そのための情報収集が目的だった。ワイスはその日のことをこう説明する。

「ワシントンの空港で、キップとたまたま一緒になりました。会うのは初めてでしたが、『あれはいったい……？』と思ってしまいました。よれよれの長髪で、ネクタイとリストバンドをつけている。完全にイカれていました。それまであんな人間を見たことがありませんでした。とんでもなく変だと思いました。向こうも私のことをとんでもなく変だと思ったでしょうが。

それから、私たちは同じ時期にプリンストンにいたことがわかりました。私はキップがとても気に入りました。彼は愉快な男ですよ。見た目は変人でしたが。紛れもなく変人だったのです。

そんなわけで、その日は一晩じゅう一緒に過ごしました。本当に一晩じゅうです。そのころ、キップは考え事で頭がいっぱいだったのですが。『カルテクは重力の実験として何をすべきか』って」

ソーンはワイスと何度も朝まで語り明かしたのを覚えている。「何度もです。最初は七〇年代で、それから八〇年代、九〇年代になっても続いてね」。ソーンはそのころに思いを馳せ、それからおそらく具体的な出来事をいくつか思い出して笑う。「しかし、徹夜した夜のうちいつのことだったか思い出せないな。物忘れがひどくて」

「徹夜なさるせいではありませんか」と私が言う。

私とのやり取りにソーンの記憶が刺激される。彼はしまってあった書類まで調べだして（とても几帳面で細かいので）、いつのことだったかはっきりさせた。彼はすでにその日までに、重力波の実験をカルテクの計画書の主たる内容の一つにするつもりでいたが、ワイスと話したことによって、重力波が彼の思い描く研究計画の目玉となったのかもしれない。

ワイスは語る。「私たちは、重力にかかわるありとあらゆる領域を記した大きな地図を紙に描きました。期待できるのはどの領域か。その期待とはどんなものか。どんなことをすべきか。私から売り込んだわけではありませんが、キップのほうから関心を寄せてくれました。カルテクでやるべきことは干渉計による重力波検出だと彼は判断しました。それが最も有望だと思われたのです。そこでじっくり議論しました。キップは『しかし自分だけでは無理だ。誰に来てもらおうか』という問題について考えていました」

ワイスはさらに続ける。「キップはすでに方針を決めていました。ウラジーミル・ブラギンスキーを採用したいと考えていたのです。ちなみに彼はとてもいい人間ですよ。キップとはとても親しいロシア人です。キップはモスクワを訪れたことがあるのですが、そのことはご存じでしたか」

ソーンの証言によれば、ワイスの話はやや不正確で、ソーンはしかるべき手続きを踏んだし、正式な採用委員会が設けられ、学務部長や学長、学科長、教授陣もかかわったそうだ。いずれにしても、実験計画のリーダー候補を並べた堂々たるリストにウラジーミル・ブラギンスキーの名前が入っていたのは間違いないだろう。

ソヴィエトから来た男

激烈な圧や温度といった極端な条件にもかかわらず、あるいはむしろそのような条件のおかげで、生存できる生物がいる。信じがたいことだが、海底の穴から出てくる硫化水素といったものだけを代謝して生きるのだ。そのような好極限性生物とは違って、当時のソヴィエトの科学者たちは自ら好んで極限状態に身を置いていたわけではない。それでもごく基本的な元素に相当する乏しい知的材料を代謝しながら、信じられないような圧力や不毛な条件のもとで成果を生み出していた。窮境にありながら伝説をつむぎ出すソヴィエトの天体物理学研究施設をあがめて、西側諸国からそこを訪れる者たちがおり、ソーンもその一人だった。自分のモスクワ訪問にKGBが関心を示しても、彼は別に怖気《おじけ》づいたりしなかった。採用候補者の調査でブラギンスキーが有力になってきても、ソーンはそのことを表《おもて》には出さず、忍耐強さを発揮して必要な段取りを進めた。共同研究の価値と交友の喜びを思えば、こうしたわずらわしさなどなんともない。たまにモスクワ市内を循環する環状道路の外に二人で出るときには、途中に設けられたチェック地点で兵士が彼らの行程を確認できるように、ブラギンスキーがソーンの予定表を当局に提出しておかなくてはならなかった。ブラギンスキーはソーンに、あなたが来るたび自分はKGBに報告を求められるのだとこっそり打ち明けた。ソヴィエトを訪れるソーンが監視されていたのと同じく、ブラギンスキーもアメリカを訪れる際には監視を受けていた。ソヴィエトの科学者が団体で旅行する際には、一行にKGBの諜報員が加わることもあった。ソーンは不信感をあらわにしながら言葉を継ぐ。「KGBの人間は何もわかっていなかったが」

二人は両国の当局から監視されていた。一九六〇年代の終盤から七〇年代の初めにかけて、ソーンは自分の電話がアメリカ当局に盗聴されていたと確信している。あるとき、FBIロサンゼルス支局のベヴィンズという人物がソーンの研究室を訪れて、ウラジーミル・ブラギンスキーに関する詳細な情報を提供せよと言ってきた。ここに来たのは四回めか五回めだった。くだらない調査に辟易《へきえき》したソーンは、ドアを開けて告げた。「本人がここにいますから、直接どうぞ」。そして言葉を失った捜査官を調査対象にきちんと紹介した。どちらの来訪者も唖然としてしばし黙り込んだが、やがてベヴィンズがズボンのすそを持ち上げて肌を見せた。「ほら、私だってあなたたちと同じように血と肉でできているんですからね」。まるで、どちらも人間だということの意味にようやく気づいたかのようだった。

ブラギンスキーとのやり取りを経て、重力波検出が成功するはずだとの確信をすでに抱いていたソーンは、この試みにソヴィエト側へのアドバイザーとしてではなく、もっと深くかかわりたいと思っていた。ワイスはこう語る。「ただし問題がいろいろありました。あのころ、ブラギンスキーがロシアを離れるのは非常に難しいということはキップも承知していました。冷戦がまだ続いていましたから。ブラギンスキーがどうしてアメリカを訪れることができたのか、私にはわかりません。とにかく来ました。ＫＧＢにコネがあるのかなと思いました。しかし妻と子どもたちは連れてこられませんでした。人質にされたのです。憶測にすぎませんが、まあそんなところでしょう」

ブラギンスキーは共産党員だったが、ＫＧＢのコネなどなかった、とソーンは断言する。「党費を納めないのはしょっちゅうでしたがね」。ブラギンスキーにアメリカ訪問の許可が下りたのは、ソヴィエトの威信のためだった。ポーズとレトリックの時代に、ブラギンスキーが西側で尊敬を勝ち取ってくれれば、ソヴィエト当局としてはありがたい。アメリカ訪問を許可するから、ソヴィエトの科学がいかにすぐれているか見せつけてこいというわけだ。ソーンは言う。「それでも、おそらく身の程をわきまえさせるために、出国ビザの請求が何度か却下されたし、少なくとも一度は、飛行機に乗る直前に出国ビザが空港で取り上げられたこともありました」

ブラギンスキーは、ソーンが共同研究者としてカルテクに招聘《しょうへい》するのに最も妥当な相手だった。ブラギンスキーのほうもカルテクに移れればと希望しており、気候がよく自由でゆったりしたカリフォルニアへ妨げられることなく行く夢を見たいと思った。だが、その結果あとに残る者たちがどんなに恐ろしい目に遭うかは、想像すらしたくないものがあった。結局、ブラギンスキーはソヴィエトにとどまったが、その距離を隔てても、彼の考案した技術の影響は国外に伝わった。彼のグループは今でも先進的な検出器に影響を与え続けている。

ワイスは一九七五年にソーンと出会ってから数カ月後にこんなことがあったと話す。「このポストに関心があるかとキップに訊かれたので、私はこう答えました。『言っておくが、私の業績では話にならない。論文を発表していないから、委員会に私の採用を承認させるのは無理だ』と。

笑える話があるんですよ。キップは粘り、とにかく応募してくれと言いました。それでキップに経歴書を送ったら、手紙が来ました。『ページが抜けているのではないか』ってね。それでこの話は終わりました。どうせ無理な話だった。そう思いました」

ソーンの言い分は逆だ。「カルテクでレイのことを検討していたとき、その点は大して問題にされたわけじゃなくてね。そのまま行けば、教授陣も大学当局もレイの教授就任をすぐさま認めたはずです」(一九七七年一二月に作成された候補者名簿で、ライナー・ワイスは最終候補の第二位だった)

＊

しかしNASA委員会の前にワシントンDCで二人が出会った一九七五年の夜、ワイスはのちにカルテクの人材探しで再び浮上することになる別の人物の名を口にしていた。「私の知り合いではなく、会ったことはないが、すごい切れ者がいるなと思っていたのです。ロン・ドレーヴァーです。それでロンの話を持ち出しました」

4章　カルチャーショック

倹約を旨として

倹約というテーマは、ロン・ドレーヴァーの思考に幼いころから刻み込まれていた。ロナルド・ウィリアム・プレスト・ドレーヴァーは、スコットランドのつましい村で生まれた。当時の経済水準からしても家庭は貧しかった。父親のジョージ・ダグラス・ドレーヴァーは、グラスゴー近郊の工場街で過ごした子ども時代の境遇を脱して医師になったが、裕福にはならなかったらしい。母親のメアリー・(モリー・)フランシス・マシューズは、イングランドではあるがスコットランドとの国境に程近いノーサンバーランドの片田舎の出身で、「古くて大きなだだっ広い農家」で幼少期を送った。先祖からの遺産がたっぷりあったので、家族は働く必要がなかった。自分の一家は生活に困窮することはなかったが、決して豊かではなかった、とドレーヴァーは認める。彼は生涯のほとんどにわたって倹約を余儀なくされたが、それが必ずしもいやではなかった。

図5　ロナルド・ドレーヴァー。
出典：American Physical Society

ドレーヴァーの両親が最初に購入したサウスクロフトの家は、スコットランドのレンフルーシャーにあるビショップトンという村の大通りに面していた。村の人口は七〇〇人ほどだった。そう教えてくれたのは、ドレーヴァーの弟のイアンだ。イアンによると、家の値段は二〇〇ポンドで、母親の持参金の残りである、両親の全財産を充《あ》てたらしい。サウスクロフトでは、母親は菜園の手入れには熱心だったが、馬の世話や牛の乳搾りは得意ではなかった。父親は家の外に〝ドクター・ドレーヴァー〟という看板を出した。診察室と調剤室からなる診療所（田舎の医師は薬剤師も兼ねていた）を置いたこの家は、田舎医師のあわただしい生活の中心となった。ドレーヴァーか弟が、あるいは二人そろって、この家に一つしかないバスルームで入浴しているところに、患者が出くわすこともあった。一家は車をもたなかった。母親は車の運転をせず、スコットランドの気候をものともしないでいつも自転車に乗っていた。父親も荒れたでこぼこ道を自転車で往診に出かけた。

患者はたくさんいたが、金は少ししか入ってこなかった。慢性的な失業、地域経済の不振、不安な時勢に地域はあえいでいた。この苦境で健康を損ね、地元のかかりつけ医を受診する者はたくさんいたが、この親切な医師に払う金がなかった。それでドレーヴァーの父親は患者に料金をほとんど請求しなかった。患者は診察を予約するのに診療所を訪れるか、場合によっては手紙を出していたが、やがて電話で予約を取る者も現れた。鉄道駅に隣接する郵便局のそばに電話交換所があり、そこで働くウッドロー夫人が村人の住所を告げて、患者をビショップトン五七番地のドレーヴァー医師の電話につないだ。村には年配の医師もいた――ドレーヴァー家の息子たちは〝へっぽこじいさん〟と呼んでいた――が、意図的にか自然にそうなったのか、いずれにしても少しずつそちらの診療所の患者がドレーヴァー医師に流れてきた。ドレーヴァー医師はビショップトンの公的な仕事をことごとく引き受けるようになった。地方公務員嘱託医、警察医、保険調査員、工場医、それに郵便局の医師も務めたのだ。

ドレーヴァーは一九三一年一〇月二六日に生まれた。自宅での出産が難渋して状況が厳しくなったので、最寄りの町ペイズリーから助産婦を呼び、さらにやはり近くの町から医師を急遽《きゅうきょ》呼んで助けてもらった。父親が母親の口と鼻に布を当ててクロロホルムを垂らすという昔式の方法で麻酔をかけた。当時は恐れられていて今では医療現場で使われなくなった鉗子《かんし》を使って、ドレーヴァーはこの世に引っぱり出された。弟のイアンは、兄がいつも手の焼ける子だったのもこの鉗子の影響ではないかと疑っている（医学的用途の他に象徴的な意味をもつこの器具は、父親が診療で使い続けた産科用器具バッグにずっと入っていた〔訳注　鉗子は四世紀の殉教者である双子の兄弟、聖コスマスと聖ダミアヌスという医師の守護聖人を示す〕）。ドレーヴァーは「気難しい」子どもで、強迫観念に取りつかれているといってもよく、秩序と清潔を求めた。イアンはぴったりな古いスコットランドの言葉を持ち出して、兄が「パーニケティー」（神経質な気質）の持ち主だったと言う。それでもドレーヴァーは家族から好かれ、愛された。自分に注意が向けられることを求め、その要求はしっかりかなえられていた。大事にされ、愛情も注がれた。

いつでも渦の中心にいる男

母親は、ドレーヴァーが神経質なのはおまえのせいだと、乳母のウィラーを責めた。しかし弟の見方は異なり、ウィラーのことをものすごく愉快な女性だと思っていた。「問題は母や父のせいではなく、ウィラーやほかの誰のせいでもなく、ロナルドの生まれもった性格のせいだったのです」。イアンは医師になるため実家を離れたときに初めて、よくよく考えれば兄こそが不穏の渦を生み出す源《みなもと》だったと思い当たった。「私は医学部に行くまで、ロナルドが不安の種《たね》だということに気づいていませんでした。世界が、私たちの世界が、彼を中心にして回っていたことに、私はそのときようやく気づいたのです」

さらにイアンは、子ども時代を彩ったささやかなエピソードを語る。「ありがたいことに、父の幼なじみが……モーリス社のブルノーズ（訳注 ラジエーターの丸みを帯びた形状から〝牛の鼻《ブルノーズ》〟と呼ばれる自動車）を貸してくれたそうです。すばらしい車ですが、一つ問題がありました。乗り降りするためのドアがないのです。だから乗るときには、足を振り上げて車体のへりをまたぐしかない。母はよそへ出かけるときにはいつもおしゃれしていましたから、これには困っていました。……私自身はブルノーズの記憶はありませんが、その車の話はたくさん聞かされました。ダンバートンの先でカーブを曲がったら、タイヤが一つ転がりながら車を追い越していったそうです。よその車のタイヤが外れてしまったんだ、気の毒に、とみんなが笑ったとたん、車が不意に激しく揺れてへたり込みました。うちの車のタイヤだったのです。また、太陽が照っていればどこでもいいからと、どれほど遠くて行きにくい場所でもかまわず出かけたようです。荒れた細い道を通って、グラスゴー近郊のトロサックスでピクニックパーティーをしたり、大切なおばやおじや友人たちを訪ねてクライドコーストの先まで行ったりしたそうです」

ドレーヴァーのおじのジョン・リチャン・ドレーヴァーはレックと呼ばれていて(ドレーヴァーによると「独身でした」)、画家だったが、スコットランドの厳しい経済状況ではアートへの需要などたかが知れていたので、生活のため造船の仕事に就いた(イアンの話では、リチャン家とドレーヴァー家が姻戚関係を結んだとき、両家ともオークニー諸島で農業を営んでいた。両家の名前は、侵略してきたヴァイキングが地元の住民につけた軽蔑的な名前で、リチャンは〝かす〟、ドレーヴァーは〝がらくた〟という意味だそうだ)。レック(「おもしろくて、とても頼りになった」とイアンは評する)はしばらく一家と同居し、そのあいだは新聞に記事を書いたりコマーシャルアートの通信講座を受講したりしていた。ドレーヴァーは実用的なスキルをすべてこのおじから学んだ。モーターやエンジンを調べたり、雑多な道具を探したりしながら、精巧な細工を追求する芸術家的な心構えを磨いた。

ドレーヴァーはよく、父親の患者の時計やラジオを修理した。その際に金属片や木片がもらえることが多かったので、おもちゃ代わりにそれで遊んだりした。学校では読み書きが苦手だったが、理科はとてもよくできた。グラスゴー・アカデミー（訳注　三歳から一八歳の生徒が通う私立学校）に通っていたときには、クラスで「不要ながらくた」を使ってテレビをつくった。ドレーヴァーはそのテレビの音声出力部分を担当する班のリーダーを務めた。のちには自宅の車庫でテレビを独力で完成させた。幅が数インチしかない青色の画面だったが、一九五三年には家族や友人たちがこのテレビで女王の戴冠式を見ることができた。村にあったテレビはこの一台だけだったかもしれない。「ロンはラジコンのおもちゃもつくりました……猫が不思議がって、追いかけたりにおいをかいだりしていました」と弟は語る。ぜんまい式蓄音機の針のために小さな缶を使って小型の電気モーターもつくったが、これはまだイアンの手元に残っている。

　第二次世界大戦が始まると、前の大戦で従軍した父親が自身の経験を踏まえて、家族を離散させまいと決意した。しかしこの地味な村も戦いから逃れられなかった。近くの湿地に大きな軍用工場が建てられ、これがドイツ軍による爆撃の標的となったのだ。しかし爆弾は泥の中に落下するだけで、爆発しなかった。のちにイギリス陸軍が爆弾を回収してよそへ運び、安全に爆発させた。ドレーヴァー家の息子たちは時折、空中戦で庭に飛び散った砲弾や薬莢《やっきょう》の破片を集めることができた。

「私はロンの目付け役でした。いつのまにか、ロンから目を離すなと教え込まれていました。いつもロンと一緒にいるようになりました」と話す三歳下の弟には、兄を恨むようすがない。

「私たちはいつも仲良くしてきました。ロナルドに怒ったって無駄なのです。どうせ通じませんから」。やがて二人はグラスゴー・アカデミー時代と同様、グラスゴー大学にバスで一緒に通うようになった。「ロンのことを両親は、兄がいくつになっても心配していました」。ドレーヴァーが学位を取ると、ケンブリッジ大学から研究職のポストがオファーされたが、両親は辞退を勧めた。「日常生活がちゃんとできるか心配でしたから」。それで辞退した。「いずれにしても、ロナルドに言わせればグラスゴーこそ世界で最高の場所だったのです」

ヒューズ＝ドレーヴァー実験で名を馳せる

ドレーヴァーはゼロからものをつくるのが好きだった。ゴムチューブの切れ端、封蠟《ふうろう》、前にやった実験の残骸など、大学の実験室や場合によっては自宅に転がっている、ありとあらゆるものが材料となった。母親の菜園から材料を取ってくることもあった。彼は倹約を愛していたので、初期の研究で予算がわずかだったことも、つくったものがうまくきっちりと機能すれば、むしろ誇らしい気持ちを強めるのだった。

グラスゴー大学に通っていたころ、ドレーヴァーは地球の磁場をいわば天然の核磁気共鳴プローブとして使えば原子核を使った実験ができるのではないかというユニークなアイデアを思いついた。「非常に奇妙で突飛なアイデアでした――ふつうではとうてい考えられないような」とドレーヴァーは言う。母親が手塩にかけて世話している菜園で、彼は自宅の車庫に積み上げられていた自動車用バッテリーと大学の学生用実験室から借りてきた装置を使って、実験の準備を整えた。二四時間眠らず、スコットランドの静かな田舎にある自宅の裏で古いカメラ（実験の時点ですでに古かった）と「大昔からある測定装置」を使って、瓶に入れた溶液に含まれるリチウム原子核の測定を三〇分ごとに行なった。彼が調べていたのは、要するにマッハの原理だ。これはごくおおまかに言うと、地球上の慣性質量のように基本的なものにも宇宙に存在する物質が作用を及ぼすとする原理である。マッハの原理のなかでもドレーヴァーが関心を抱いたのは、私たちのいる天の川銀河（中心部の密度が高い渦を平面に描いたような姿をしている）の物質分布が瓶の中の溶液に含まれるリチウム原子核の慣性質量に影響するはずだとする見方だった。二四時間で地球が一回転するのに伴って、母親の菜園も天の川銀河で最も密度の高い中心部から見て一回転することになる。ドレーヴァーは、天の川銀河の銀河面に対する動きと方位に応じてリチウム原子核の特性が変化するか――すなわち慣性質量が変化するか――検証してみた。その結果、どうやらそのような作用は生じないようだった。これは申しぶんなく望ましい答えだった。実験装置はがらくたを寄せ集めた程度の初歩的なものだったが、ドレーヴァーはそれで満足だった。

よその大学のグループが実験室グレードの磁石を使って同様の実験を行ない、その結果を発表していることをドレーヴァーは知ったが、「自分なら金をかけずにできる」と思った。高度な実験室のほうが競争には有利なはずだが、彼はそんなことでやる気をなくしたりしない。むしろ逆だった。高価な磁石など要らない。彼には地球があり、地球の磁場はただで使えるのだ。最終的に、彼は自分の実験を評価して公表した。「もっとすごい装置を使ったよそのやつの実験よりも、いくらか感度が高かったのです。しかもこっちはほとんど金をかけていない。自動車のバッテリーをいくつかとワイヤーをいくらか使っただけです。愉快でした」

ドレーヴァーと「よそのやつ」（イェール大学のヴァーノン・ヒューズ）から名前をとった〝ヒューズ＝ドレーヴァー実験〟は、今では等価原理を高精度で検証したものと見なされている。一般相対性理論の重要な柱をなす等価原理によれば、重力場では慣性質量と重力質量は同じであると考えられる（じつのところ、これは等価原理の最も標準的な説明ではないが、この文脈での説明としてはこれで十分だ）。

この奇抜だが独創的な実験のおかげで、ドレーヴァーはハーヴァードで特別研究員のポストを得ることができた。ハーヴァードでは、彼と指導教官のR・V・パウンドがいくつかの巧妙な実験を成功させたが、ここでは触れないでおく。ハーヴァードへ移ったことについて、本人はこんなふうに言っている。「それまでの私は視野を閉ざしていました。金に余裕がないから遊びには行かず、仕事があるから休暇に遠出することもなかったのです。外国に行くのはこのときが初めてと言っていいくらいでした。だから、この年はすばらしい一年となりました。ハーヴァードにはことごとく驚かされました。想像とはまるで違っていたのです」

「スズメの涙」ほどの予算で干渉計をつくり上げる

ハーヴァードで特別研究員として充実した時を過ごしてグラスゴーに帰ったドレーヴァー

は、さらなる経験と、いくらかの助成金と、小人数の研究チームを手に入れた。胸の高鳴るような何かを求めて、何もない空気の中でアイデアを探りながら、彼はしばしば一人で、いくばくかの退屈を覚えながら実験室を整備したり装置を並べ替えたりしたものだった。彼は月明かりの弱い時期を狙って観測を行なった。天体の発する弱い光が検出できるように、月が太陽の光を地球から逸らす方向に反射してくれる時期を選んで夜間の闇の濃い田舎へ出向き、輝きが弱くて読み取りにくいメッセージを受け取ろうとした。気の合う研究者たちとの共同研究に参加し、興味の幅が広がった。どの観測も結果は思わしくなかった――大したものは見えなかった――が、そのせいで彼の興味が減じることはなかった。彼は空の観測をひととおりやってから、今度はもっと奥深いところへ歩みを進めた。関心のありかは、光から雑音の観測可能性に移った。学界で重力波への関心が広まり、研究者たちの興味を刺激していた。ドレーヴァーはイギリス各地でホーキング、シアマ、ジェリー、エイトケンといった同じ分野の研究者たちの話を聞いた。それにつれて、重力波は存在し、検出可能だという思いが強くなった。少しずつアイデアをやり取りし、簡単な装置を考案し、斬新だが実行可能な実験を設計し、一歩ずつ前進するうちに、方向性が定まり、熱意が高まっていった。

ドレーヴァーは実験室の床に敷いてあったゴムマットを切り取って、それを余り物の鉛のブロックと重ねて、初歩的で単純だがきちんと機能するコンポーネントをつくった。それが彼の自慢だった。また、自分の手とガラスカッターと窓用ガラス板、紙切れ、ゴムバンド、半端なねじだけを使って精密で高性能な装置をゼロからつくることができたという話も、いかにもうれしそうに感動を込めて語る。特別な材料などなくても、見事なものをつくり出すことができたのだ。

一九七八年にソーンがカルテクからのオファーをもってアプローチしてきたころには、ドレーヴァーは野心と厳しい予算に等しく動かされながら、スコットランドですでに独自の干渉計を設計していた。「スズメの涙」ほどの費用で、なるべく大きなものをつくりたかった。グラスゴー大学にはシンクロトロンと呼ばれる粒子加速器があったが、それが撤去されたので、ドレーヴァーは跡地を干渉計の用地として使わせてもらうことにした。その時点で世界最大の干渉計と比べて二倍以上の規模を計画していたが、それでもカルテクが目指しているものと比べれば長さは四分の一にすぎなかった。

アメリカに来れば、特に世界屈指のカルテクに来れば、基礎研究への資金援助がもっとふんだんに得られる。これは魅力的な話ではないかと言って、ソーンからはカルテク行きを考えるように迫られたそうだ。カルテクには気持ちがそそられたが、ドレーヴァーはグラスゴーでも立派な科学研究が行なわれていると言い張った。正当に評価されていないだけだ、と暗に伝えたかったわけである。グラスゴーでは形式主義的な手続きなどほとんど要らず、資金は少ないものの自由に研究ができる。資金の制約はむしろ彼にとって望むところだったかもしれない。グラスゴーのプロジェクトには競争力もありそうだ。それでも、カルテクに惹かれる気持ちをすっぱり断ち切ることができなかった。

決めかねたドレーヴァーは、いつもなにかと助けてくれるグラスゴーの仲間たち（「私は彼らのことを最も信頼しているのです」にアドバイスを求めた。すると、チャンスをものにしろと言われた。それでも決心できず、グラスゴーとカルテクで交互に過ごす五年間の試行期間を設けたらどうかと思いついた。彼は穏やかに言う。「あのころ、イギリスとアメリカでは事情がまったく違う、しかもその違いが私にはよくわからないのだ、ということに気づいていませんでした。人の考え方や行動が違うということにも。……気づかなかったのです。まるで違うのに」

＊

周囲を振り回す「科学界のモーツァルト」

私は、ロン・ドレーヴァーのスコットランド風の語り口は録音でしか聞いたことがない。全体に予想していたほど堅苦しくなく、ちょっと陽気な感じで、歴史を築いた人物にしては思いやりに満ちた言葉を発する。彼の気質で手ごわいところが感じられるとすれば、それは単純な言葉にさえ同意するのにかすかな抵抗を示す点だけだ。一九七九年にカルテクがドレーヴァーを採用したとき、彼は巧みなアイデアと際立った実験能力で知られていた。発想が豊かで熱心だが、それと同じくらい厄介な人間でもあることがすぐに明らかとなった。それに対し、ライナー・ワイスは良識的な人物だ、とソーンは言う。ソーンは当時を振り返り、最初からワイスの性格をもっと重視すべきだったと私に打ち明けた。

ドレーヴァーは科学界のモーツァルト（ワイスによるたとえ）とでも称するべきオーラを

まとっていった。驚異的な頭脳に子どものような心をもつ彼は、目の覚めるような楽曲を次々に生み出す天才を思わせた。彼の周囲にいれば誰もが、モーツァルトの天与の才能の陰に隠れて地道な技巧家だと不当に評価されたサリエリの役回りを演じるしかなかった。有能な科学者たちは、ドレーヴァーのせいで自分が格下の役目を押しつけられていると感じた。実験室はドレーヴァーだけの探究の部屋《エクスプロラトリアム》となった。カルテクとの話がまだまとまっていなかった段階で、ドレーヴァーは自分をプロジェクトの責任者にしてもらえないなら、そしていくらでも好きなようにやらせてくれないなら、カルテクには行かないと言い張っていた。「それは了承してもらったつもりでした」。数式でなく、むしろ視覚的イメージとしてアイデアを怒濤のように思い浮かべながら、ドレーヴァーは慣習にとらわれずクリエイティブに探究の部屋《エクスプロラトリアム》を歩き回った。通常の論理に頼らないでこのように直感を働かすことのできる能力が、天才だという評判に魔法のようなオーラを加えたことは間違いない。そのせいでほかの者たちは、仮説を立てて結論に至るまでの道のりを計算によって進んでいく自分たちのやり方がいささかおもしろみに欠けると感じさせられた。とはいえ、ドレーヴァーのやり方にも欠点があった。

　ドレーヴァーは毎日、アイデアを洪水のごとくチームに浴びせていた、と誰もが異口同音に言う。アイデアはいくらでも出てきた。しかし決断が下されることはまれだった。翌日になると、ドレーヴァーは自由に研究できる喜びを改めて味わい、困惑するチームにまた新たなアイデアの洪水を浴びせかけるのだった。暖房された室内を漂うほこりのように、進展は行き当たりばったりだった。ドレーヴァーがスコットランドに帰っているあいだにカルテクでは態勢を立て直したが、ドレーヴァーが戻ってくればまた一気にたがが外れてしまう。一方、スコットランド側のチームは、ドレーヴァーの留守中に自分たちの実験を進めていた。すぐにドレーヴァーが戻ってきて、せっかくの前進に足止めを食わされるのはわかりきっていたが。

＊

鬼のいぬ間の洗濯

ドレーヴァーが隔月でスコットランドへ帰国するあいだに作業が中断しないようにと、カルテクでは一九八〇年にスタンリー・ホイットコムが若手教員として採用された。彼の監督のもと、機械工作室に隣接するスペースでカルテクの実験室の設計と建設が進められた。工作室に沿って並ぶ部屋は窓が閉ざされ、日差しが入らなくなった。ホイットコムは専門的な技能をもたらしただけでなく、干渉計全般がもつべきデリケートな性質を実現させる際にすぐれた直感ももたらした（ワイスによると、「スタンは岩のように磐石《ばんじゃく》です。じつにすばらしい男で、とんでもなく頭がいい」）。ドレーヴァーはあふれんばかりのアイデアとともに舞い戻ってきたが、一九八三年までにカルテクできちんと機能するプロトタイプを完成させることを目指して実務レベルでチームを指揮したのはホイットコムだった。このチームが装置をつくり、真空を確立し、レーザーと初期の鏡を設置した。まず設計されたのは、ドレーヴァーの設計の有効性を証明し、レーザーの安定性を確かめ、装置の感度を調べるための研究開発施設である。当時、ホイットコムは重力波が検出できるかどうか定かでないという姿勢をとったが、ドレーヴァーは検出できると信じて疑わなかった。ドレーヴァーの果てしない楽観主義は、重力波の発生源がたくさん存在して空はにぎやかに違いないと信じていた一九八〇年代初期の全般的な楽観主義が極端に走ったものだったのかもしれない。実際に発生源がたくさんあるとしても、今までのところにぎやかな響きを聞かせてくれたことはない（〝全般的な楽観主義〟が認められたというような証言は、少なくとも理論家のコミュニティーについて言うなら、誇張もはなはだしい、とソーンは断言し、一九八〇年の《現代物理学レビューズ》に発表した自身の論文を引き合いに出す。その中で確かに彼は、重力波源でにぎやかな宇宙というのは必ずしも物理法則に反しないと述べているが、その一方で、こちらに届くまでの時間を天体物理学的な観点から考えれば、重力波は発生直後よりもはるかにおとなしくなっているはずだとも述べている。現在のLIGOがとらえようとしているもの──干渉計のアーム長の一〇億分の一の一兆分の一程度という振幅をもつ特徴的な信号──とさほど変わらない、微小なレベルとされているのだ）。

ドレーヴァーはグラスゴーとカリフォルニアのあいだを飛行機で移動する片道一一時間の道中に、装置の設計に取り組んでいた。詳細な図をノートにびっしりと描きながら、カルテクのスタン・ホイットコムやスコットランド側におけるホイットコムのような立場の人間である、グラスゴー大学のジム・ハフに実行させる現実的な仕組みを考えた。ドレーヴァーがいないあいだ、カルテクではホイットコムが作業を進め、グラスゴーではハフが作業を進めた。ドレーヴァーはどちらのグループにとってもこの方法がちょっとやりにくかったはずだと認めている。

好条件か、居心地のよさか

装置は雑音が想定外に多く発生したので、防振対策、レーザーの安定化、光線のクリーニング、エネルギーのリサイクルと増強など、多岐にわたる巧みな解決策が取り入れられた。一方の装置が他方よりも進んでいるのが理想だった。そうなれば、前世代の欠点を修正しながら両国間で交互に前進することで、研究開発を効率的に進めることができる。ところが実際には、双方の進度はほぼ同じで、グラスゴーのほうがカルテクよりわずかに先を進んでいるだけだった。

五年間の猶予が終わり、カルテクと国立科学財団はドレーヴァーから明確な返事がほしいと考えた。カルテクはドレーヴァーに対し、カルテクにとどまるか、それともグラスゴーに帰るかと、選択を迫った。ドレーヴァーは提示された条件がかなり満足できるものだと思った。現場の不満を知らず、長距離フライトで過ごす静かな時間を満喫し、新たな設計のスケッチをカルテクの製図技師に渡せるのがうれしかったのかもしれない。

カルテクの好条件か、それともグラスゴーの居心地のよさか、どちらかを選ばなくてはならない。スコットランドは雰囲気がよく、文化にもなじみがあり、カルテクよりもオープンで協力的な風土が感じられる。カルテクでは科学者たちが、さらには学生までもが、協力を好まず、共同研究をいやがり、競争が激しい。

「あとで気づいたのですが、これは全体に言えることでした。共同研究をしたがらない——みな独立独歩を望んでいたのです。そこが大きな違いでした。私がそのことを理解するまでにはずいぶん時間がかかりましたし、その点がのちに問題にもなったようです」。一九九七年にシャーリー・コーエンがカルテク口述歴史プロジェクトの一環としてロン・ドレーヴァーにインタビューした際、コーエンはドレーヴァーに質問した。「でも、どうでしょう、ロン。見方によっては、あなたがふらりとやって来て、自分ひとりですべてを仕切ろうとしていたとも言えませんか」。ドレーヴァーは「いや、そんなことはありません」と答えた。さらにコーエンが「では、あなたは人の独立心がちゃんと理解できていたとおっしゃるのですね」と食い下がると、ドレーヴァーは穏やかに答えた。「ええ、たぶんそのとおりです」。

しかし私は、彼が本当にそう思ってはいないという印象を受けた。彼は、問題の原因がアメリカ文化にあると思い、その証拠として自分が母国では友好的で実りのある協力関係をきちんと築いていることを指摘した(ただしグラスゴーの研究者たちによると、共同研究はドレーヴァーの記憶にあるよりもはるかにうまくいっていなかった。彼らはドレーヴァーのふるまいが強引かつ人を押しのけてはばからないものだと言い、抑圧的だとさえ言う)。

ともあれやがてドレーヴァーは、このプロジェクトを発展させなくてはいけないということに気づいた。まだ最終的なものには至らないにしても装置を大型化して、プロジェクトを徐々に進展させることを考えた。その場合、グラスゴーよりもカルテクのほうが成功の見込みが高そうだった。それで決心がついた。一九八三年、彼はスコットランドのチームを捨てたことになるのだろうかと苦い思いを抱きながらも、カルテクでフルタイムのポストに就いた。

ソーンはようやくカルテクでプロジェクトを進めるめどを立てることができた。成功すれば得られるものは大きい。未知の基礎物理学。未踏の宇宙論と天体物理学。明確に示された目標の重要性を、ドレーヴァーはしっかりと理解していただろう。主流の天体物理学においては中心的でなく地味なテーマだった重力波の追求が、新たに主要な計画となり、カルテク史上最大のプロジェクトとなった。

人間心理を読み違える

ドレーヴァーはカルテクのプロトタイプの設計について、自分の考えを強引に推し進めた。彼とワイスのあいだには緊張があったが、ワイスはドレーヴァーに却下された自身の控えめなプロトタイプを携《たずさ》えてＭＩＴに戻った。「不当にも」却下されたとワイスはよく言っていた。技術的にも経済的にも劣るとか、ほかにもいちいち指摘しないがいろいろと問題があるなどとドレーヴァーが文句をつけたのだ。ドイッチームも依然として忘れてはならない存在だった。ワイスによれば、すべてのプロトタイプのうちでドイッチームのつくったものこそ最良との称賛に値した。ドレーヴァーがかつて率いたグラスゴーのグループは彼なしでやっていかれそうだったし、ライバルになる可能性もあった。グラスゴーチームはロン・ドレーヴァーが抜けたことでたぐいまれな才能を失ったが、自分たちの実験室を自由に使えるようにもなり、やがてプロジェクトも進めていかれるようになった。しかしドレーヴァーにはカルテクがついていて、ソーンもいて、世界最大の干渉計も手中にあった。これだけそろえば、どんなライバル候補も置き去りにできるはずだ。自分のアイデアに太刀打ちできる者は世界のどこにもいない。ドレーヴァーはすでにそう確信していた。本来の実力に新たなポストと新たな実験室の力が加わるとなれば、将来は希望に満ちている。装置は自分のものだ。アイデアを出すのも自分だし、決定を下すのも自分だ。もちろん、重力波天文学の未来も自分にかかっている。ドレーヴァーはそう信じていた。

しかし、ドレーヴァーは人間の心理が計画に与える影響を読み損ねた。そんなことでは、行く手に障害が生じるのは避けられない。この仕事で求められるのは、技術的な障害を柔軟かつ巧みに乗り越えることである。過去の経緯が悪影響を及ぼすことも避けられなかった。おそらく主たる関係者が予想していた以上に、それまでのごたごたがプロジェクトを微妙に方向づけていった。ワイスやソーンやドレーヴァーが登場する前に時間は遡るが、この舞台には一匹狼の闘争的な先駆者、ジョー・ウェーバーがいた。彼は、黒板や教科書から頭を上げずにべったり寄り添うあまり墓穴を掘ろうとしている理論家たちが議論をするままにさせておいて、自分は外に出て周囲を見渡すことにした。重力波が本当に存在するなら、自分が誰よりも先に発見するつもりだった。彼は物怖じしない探険家として一人で旅路を踏み出し、自分でもまだどう解釈すればよいかわからないという驚くべき眺めをみやげ話に持ち帰ってきた。その有望な見込みに駆り立てられた者たちが続々と旅支度をして、彼のあとを追っていった。しかし、歓呼はすぐに軽侮《けいぶ》へと変わった。科学者のあいだで論争が起こってしばし注目を集めたが、熱気はたちまち消え去った。

ジョー・ウェーバーはそれから三〇年間、間違った道を不屈の精神で粘り強く歩み続けた。行く手に待つ宝の価値があまりにも大きく、また敗北は彼にとって破滅だったからだ。決然たる意志と揺るがぬ目標を抱き、可能性がゼロではないにしてもそれに近いものを目指す衝動に駆られ、野心にとらわれていたが、それは金のためではなく、知識と称賛と尊敬を勝ち取るためだった。しかしそのせいで、探求者のはまりがちな悲劇的な隘路《あいろ》に落ち込んでしまった。

5章　ジョセフ・ウェーバー

「ニアミス」に翻弄され続けた先駆者

一九六九年、ジョセフ・ウェーバーは大方から不可能と考えられていた実験的偉業の達成を発表した。重力波の証拠を検出したのだ。誇らしかったことだろう。一番乗りの優越感、発見の満足感、達成のストレートな喜び。事実上彼一人だけが、強い信念のもと、可能性があると踏んでいた。そして何冊ものノートの何百ページ分にもなる紙面を計算と設計とアイデアで埋めつくした末、独創的な実験機材を形にした。重力波に共鳴して振動する共鳴棒、〝ウェーバー・バー〟をつくったのである。ウェーバー・バーは円柱形のアルミニウムの塊《かたまり》で、長さは約二メートル、直径は一メートル、重さは一・四トン近くあった。ギターの弦とは違って弾くのは大変だが、決まった固有振動数はあって、強い重力波なら音叉のように鳴らせる。

ヨナ、すなわちのちのジョセフ・ウェーバーは、一九一九年にニュージャージーでリトアアニア系ユダヤ人移民の両親ときょうだいという家族に生まれた。「ヨナ」が「ヤンキー」になり、「ジョー」になった。母親の訛りを聞き取れなかった学校の教師が「ジョセフ」と聞き違え、母親はそれで十分近いとうなずいたのだった。また、一家の本来の名字はGerberだったのだが、両親はWeberの名で記入済みのパスポートで手っ取り早く妥協していた。こうしたわけで、ジョセフ・ウェーバーなのである。

ウェーバーは親に金を使わせまいとクーパーユニオンという私立大学を中退し、海軍兵学校に入って士官、レーダーの専門家、航海長、最終的に少佐になった。空母レキシントンに乗り組んだが、第二次大戦中に交戦で沈没すると、駆潜艇の指揮官となった。キップ・ソーンが一九八二年に録音したインタビューの中で、ウェーバーはこう語っている。「一九四三年七月（訳注　連合国軍によるシチリア島上陸作戦時）に准将セオドア・ルーズベルト・ジュニアと一八〇〇名の奇襲隊員の上陸に適した砂浜を探す任務を与えられたのがこの私でした。戦後は、対電子戦部門を率いました……ので、海軍全体の対電子能力を把握しています」。私の耳にウェーバーの発音はいかにもあの世代のアメリカ人男性らしく響く。家族には「ヤンキー」と呼ばれていたが、それは幼いころ事故に遭って——五歳のときにバスにひかれた——言語療法を受ける羽目になったときに、ユダヤ人流の発音を矯正され、いかにもアメリカ人という発音がたたき込まれたからだった。

兵役ののち、彼はメリーランド大学に教授として雇われた。「給料はおそらく最も高い部類で、気前よく年に六五〇〇ドルもくれました」。二九歳だった。異例なことに、博士号をもっていないのに雇われたのだが、雇用条件として博士号の取得が求められていた。そこで、博士論文のテーマについて、有名な物理学者ジョージ・ガモフに相談しにいった。ガモフ教授は「君は何ができる？」と訊いた。ウェーバーは「私は経験豊富なマイクロ波技師です。博士論文向けのテーマはありませんでしょうか？」と答えた。ウェーバーによれば、ガモフは「ない」と言った。ひと言、「ない」とだけ。この話にはウェーバーとソーンのあいだでは説明するまでもない皮肉があって、皆様には私から説明したい。ガモフはラルフ・アルファーとロバート・ハーマンと共同で、ビッグバンの残光が存在していて今もマイクロ波帯で飛び交っている、と予言していた――宇宙マイクロ波背景放射と呼ばれる宇宙初期に放たれた光のことだ。ガモフが〝ある〟と答えていたら、ウェーバーとガモフはそれを観測で検出してノーベル賞を受賞していたかもしれない。実際には、一九六五年に偶然、それまで出し惜しみされていたかのように、のちにノーベル賞を受賞することになるベル研究所の科学者ペンジアスとウィルソンがこの原初の背景光を検出している。こちらの二人は、人類が目にしてきたなかで本質的に最も重要なものを見た人物だと今も言われるに至っている。

もう一度言うが、若くて積極的なマイクロ波専門技師が、ビッグバンの名残としてのマイクロ波放射という、宇宙の起源に関してこれ以上ない証拠の存在を予言した有名な科学者、ガモフのもとへ赴いた。そして「マイクロ波技師向けのテーマはありませんか？」と尋ねたところ、意外にもガモフは「ない」と答えた。

こうした大きなニアミスはウェーバーの科学者人生の特徴と言えよう。ガモフによる不可

図6　ジョセフ・ウェーバーとウェーバー・バー。© SPL/PPS 通信社

解な返答ののち、ウェーバーは原子物理学の研究を続けてメーザー（「誘導放射によるマイクロ波増幅」、最近では「誘導放射による分子増幅」とも）の概念を考案しており、一九五一年に先頭を切って発表した内容には基本的なアイデアがすべて盛り込まれていた。そのためウェーバーの業績に数えられてはいるが、もっと周知のことであってしかるべきという声があるものの、このことは広くは知られていない。メーザーを独立に発見し、それをレーザー（「誘導放射による光増幅」）へとつなげた科学者がいるからである。運が違うほうに転んでいたら、彼はこの発見でもノーベル賞を共同受賞し、特許に名を連ね、お金を山分けしていたかもしれない。このように、頂点を極めかけたことが前にもあった。何度も科学界のシャックルトンになったのだ――一番乗りになりかけたという意味で（訳注　シャックルトンはイギリスの探険家で、南極点一番乗りを逸した）。ビッグバンの目撃でも、レーザーの特許取得でも、重力波の検出でも、あと一歩だったのである。メーザーの件で落胆したあとのことについて、インタビューでは皮肉なしに何気なくこう述べている。「私が、その、相対論の研究に乗り出した理由の一つは、それがまあ、特に論争のある分野ではなさそうだったからです」

われ、銀河系の中心に「音源」を発見せり

円柱の上に身を乗り出している姿を撮った白黒写真の彼は、白髪交じりの黒髪を高くなであげ、半袖の白いシャツを着て、黒縁の角ばっためがねをかけている。彼がバーの中央部に取り付けている水晶の結晶が、バーの共鳴振動によって圧縮されると、電圧が生まれて、中央部から引き出された配線を通じて電流が電子回路に流れ、〝弾《はじ》かれた弦〟の音が記録される。仕掛けは地味で、難しいところはほとんどない。バーはメリーランド大学にある何の変哲もなさそうな実験室に一基据えられた。そこは一人でたやすく管理できそうな小部屋で、バーがかなりのスペースを占めた。バーはほかにも製作され、うち一基はキャンパスから一キロ半ほど離れた、車庫と言ったほうが正確そうな建物に据えられた。さらに、メリーランドのバーから遠く離れたシカゴ近郊のアルゴンヌ国立研究所にも据えられ、偶然の事象をそれと識別できるように、近場での騒ぎや自動車事故や嵐を排除できるようにされた。彼は考え抜いていた。巧みで、粘り強く、大胆だった。バーは安上がりだった。そして機能した。毎日、銀河系が発する複数の信号に反応して鳴った。宇宙は騒がしい空をもってウェーバーに報いたのだ。彼は発生源を特定しようとは考えなかった。それについては理論家に任せていた。実験家が探り、理論家が説明すべき新たなフロンティアを発見したというわけである。実験によるものとしては二〇世紀最大の発見の一つを成し遂げたのだ。彼と小人数のチームは一〇年というかなりの時間を費やしたが、それでも懐疑的な者が一世紀と予想したのに対してかなり早く現実的な実験を成功させたのだった。

一九六九年、一般相対論に関する平穏な、まだ重力波の存在そのものが議論の対象だったような会議で、ウェーバーはこの成果を発表した。〝重力波の証拠〟を検出したと主張し、それをそのまま論文のタイトルにも掲げ、発生源は天のどこか、銀河系の中心付近の、衝突中の恒星、あるいは中性子星かパルサーではないかとしていた。衝撃が走り、続いて祝うような雰囲気になった。拍手さえ起こった。彼はメディアに取り上げられた。雑誌の表紙を飾った。有名になった。

ソーンはこの発表のことを覚えていた。当時、ウェーバーがあれほど速やかに結果を出したことに驚かされたが、真剣に取りあうべき内容だと考えた。この報告に刺激された物理学者は、バーをあれほど確実に鳴らせるようなエネルギーをもつ発生源は何かを突き止めにかかった。加えて、ウェーバーの実験データを説明するためというより、宇宙が用意していそうなあらゆる可能性を探るために、理論家たちは検討されたことのない発生源についても考え始めた。ロジャー・ペンローズは重力波を衝突させてみた。スティーヴン・ホーキングはブラックホールどうしをぶつけてみた。だが、計算結果が明らかになると熱気が薄らいだ。ウェーバーの見積もりによると、銀河系からのエネルギー出力が、太陽が毎年一〇〇〇個単位で壊れているくらいあれば、彼のデータとつじつまが合う。発生源に関知しないという姿勢は、先入観をもつべきではない実験家としてはまっとうだろう。とはいえ、理論家には信じがたいほど大きなエネルギーに思えた。マーティン・リース（今ではリース卿である）は共同研究者のデニス・シアマ、ジョージ・フィールドとともに、ウェーバーが観測したと主張するエネルギーは、銀河系が崩壊でもしていない限り、端的に言って大きすぎることを示した。だが、その計算に不確定要素がまだあることを理由にウェーバーは頑として主張を曲げず、あいまいさが残っているのは、自分に進む余地を与えているものと受け止めた。

フリーマン・ダイソンの「重力装置」に勇気づけられる

ウェーバーは、プリンストンでジョン・ホイーラーのグループにしばらくいたあいだに、ソーンと、そして有力な理論物理学者フリーマン・ダイソンと初めて会った。ウェーバーとダイソンは爆発している恒星――超新星爆発――によって時空が鳴り響く可能性を議論しており、ウェーバーが選んだバーの共鳴周波数はこの可能性に沿ったものだったのかもしれない。ウェーバーは見下すような態度をとる理論家たちを軽蔑していたが、それでもダイソンからの励ましを大いに喜んだ。「ダイソンは手紙で、このテーマについて考えていたと言っていました。当初、このプロジェクトが続けられていると聞いて、私のことをどうかしていると思ったそうですが、じっくり考え、重力崩壊の計算を初めて行ない、その結果を私に送ってきました。同じ内容が『星間コミュニケーション』というこの本に再録されています」

いずれ遭遇するであろう異星人と意思疎通を図ることの利点を大まじめに取り上げたこの型破りな書において、ダイソンは「重力装置」という論文を発表しており、その中で重力波源の有力な候補として死んだコンパクト（高密度）星を検討している。死んだコンパクト星は今でこそ観測できるが、一九六三年当時、その存在は確かめられていなかった。ダイソンは、高度な文明なら、死んだコンパクト星を二個、互いのまわりを回らせ、それを使って宇宙船を光に近い速さで発射できると推測した。また、こうした恒星の対《つい》が自然にできるなら、ウェーバーの装置で検出されうる重力放射の強いバーストが放たれると考えていた。ダイソンのこのアイデアは今も生き残っているが、異星人とのコミュニケーション手段の一形態としてではなく、重力波の直接検出が望める最も有力な発生源の一つとしてである。
ウェーバーは同論文で勇気づけられた箇所をいくらかソーンに読み聞かせている。「フリーマン・J・ダイソン、『重力装置』……『重力波によるエネルギー損失で、二個の恒星は速度を増しながら互いに接近し、最期の数秒で互いに向かって落ち込んで重力のほとばしりを放つ……それは想像を絶するほど強く……ウェーバーの既存の装置で検出できるはずだ……この類いの事象をウェーバーの装置で観測し続ける価値がありそうである』」
ウェーバーは大物の物理学者オッペンハイマーにも励まされていた。一九六〇年代なかば、訪ねてきた彼を空港まで迎えに行ったウェーバーは、重力波研究に対する相手の並々ならぬ思い入れを知った。ウェーバーはオッペンハイマーの発言をこう伝えている。「彼は『なんと言っても君の仕事にはこのあたりでなされているほかのどれより胸躍らされるよ』と言いました。驚きましたが、もちろん大いに意気が上がりました。軽々しくお世辞を言う人ではありませんから」。以上が、ウェーバーがソーンに語った当初の成り行きである。録音は登録され、ラベルが張られて、保管されている。

雨後の筍《たけのこ》のようにつくられ始めた「共鳴棒」

科学界の風向きは、これ以上ないというほど素早く変わった。ほどなく、ウェーバーの共鳴棒の開発がＩＢＭやスタンフォード大学やベル研で、そしてスコットランド、日本、ドイツ、イタリア、ソ連、カリフォルニア、ルイジアナ、ニューヨーク州ロチェスターで始まった。あちこちで、雨後の筍《たけのこ》のように。一九七二年には、NASAがウェーバー製作の月面重力計という装置を月に置いてさえいる。新しい設計や改良や分析手法が現れた。しかし誰も、ウェーバーを除いて誰も、重力波を検出できなかった。宇宙はしんと静まりかえっていた。

当時まだグラスゴーにいたロナルド・ドレーヴァーとその共同研究者らが、そしてほかのグループがイギリス中で――ハーウェル、ケンブリッジ、オックスフォード、グラスゴーで――それぞれ、巧みな改良と機能強化を施した、単なる音叉の域を超える独自のバーを製作していた。ドレーヴァーが技術開発に力を入れ始めたのは七〇年代初頭で、ウェーバーが正しい可能性があると考えてのことだった。

ケンブリッジ大学のスティーヴン・ホーキングとゲイリー・ギボンズは、文字どおり廃品置き場で見つけた物を実験室に備えることを検討したが、実現はしなかった。ドレーヴァーは二人に代わり、置き場にあった元はダイバーの減圧用というタンクを品定めした。本当に安かったが、使い物になりそうにはなかった。

一九七〇年代のある時、ドレーヴァーはウェーバーにメリーランド大学の実験室を訪ねたいと申し入れたが、険悪で疑い深いウェーバーからは歓迎しない旨のつれない返事が来た。とにかく行ってみたが、返事のとおり歓迎されず、ウェーバーからあいさつ代わりに「通りかかったからと入ってきて重力波の実験ができるというものではありません」と言われた。ドレーヴァーはもっともだと思ったが、こちらの好意的な姿勢に相手はなぜか気づいてくれなかった。冷たくあしらわれたことにもめげず、イギリスに戻ったドレーヴァーはグラスゴーで独自のバーをつくり、機能を強化した。疑う理由はあったが、楽観論に期待を抱いていた。がっかりしたことだろう、バーからは雑音しか得られず、ドレーヴァーは共同研究者らとともに、〝ウェーバーは間違っているに違いない〟という疑念を結論に変える潮時だと考えた。

否定的な結論の蓄積

最初にバーをつくって〝重力波はない〟という否定的な結果を発表したのはブラギンスキーだった。だが数週間実験しただけで、もっと性能の高いバーでもっとがんばるためか、まったく違う実験アプローチを取るためか、装置をすぐさまお払い箱にした。ドレーヴァーによるバーの実験は二番めで、さらに徹底していた。一、二年にわたって「ありとあらゆる突飛なアイデア」を試したし、ケンブリッジ大学の〝ラザフォードの研究所〟（訳注　キャヴェンディッシュ研究所のこと）で国を挙げての大規模プロジェクトを実施する話もしていた。ドイツのグループも、バーを使ったきわめて信頼性の高い実験をもって検出の主張を否定していた。バーはじりじりと崖っぷちへ追いやられていた。

重力波を検出したという一九六九年の主張、ウェーバーを有名にし、同世代のなかでおそらく最も有名な存命の科学者にした主張は、すみやかに厳しく否定された。以降ずっと、科学研究資金の提供機関からも同業者からも、支援はほぼなかった。メリーランド大学から解雇されかけたほどである。社会学者のハリー・コリンズによると、ウェーバーは当時の状況を、二番めの妻である二三歳年下の天文学者ヴァージニア・トリンブルを引き合いに出して、こう控え目に表現している。「[ウェーバーは]私に笑顔で、彼女と結婚したときは自分が有名で彼女は無名、それが今では立場が逆転している、と語った」

不利な証拠が蓄積され、同業者がそっぽを向いても、ウェーバーは決して折れなかった。重力波の直接検出という彼の主張は思い出したように再検討されるが、証拠は否定的なものが圧倒的に多い。ウェーバーは重力波を測定したわけではまったくなく、装置の障害を記録していたか、分析ないし解釈で誤りを犯していたか、最悪の可能性として、無意識のうちにデータを選んでいた。

IBMの実験物理学者、リチャード・ガーウィンは当初、ウェーバーの主張に刺激され、あるいは疑念に突き動かされてのことかもしれないが、勢い込んで独自の検出器をつくり、共振周波数をオリジナルのウェーバー・バーの狭い範囲に合わせたが、世界中のほかの実験家の頭上と同様、自分の頭上も物静かだとわかり、不愉快になった。それまでのやり取りからウェーバーが論理や生データでは動かないと知っていたガーウィンは、公《おおやけ》の場で待ち伏せして対決することにした。一九七四年にMITで開かれたある相対論の会議――ウェーバーのおかげで次第に活発になり、論争が繰り広げられるようになっていた――において、ガーウィンは会場の前でウェーバーとその成果を罵倒した。あわや殴り合いという事態になった。この件を除けば平和的な相対論関係者が見守るなか、二人ともけんか腰になり、緊張が走ったが、ポリオの後遺症で身体が不自由だった天体物理学者フィル・モリソンが杖を振り上げて割って入った。二人は引き下がった。ウェーバーは毅然と、ガーウィンはさげすむように。

責めたてられたウェーバーは、みずからの信念の殻にいっそう深く閉じこもった。ガーウィンの実験はウェーバーの実験に劣るとする見方はあるかもしれない。ガーウィンの装置はウェーバーのより小さく、ぞんざいな急ごしらえで、一ヵ月しか運用されなかったからだ。それに、条件がどうあれ、別個の二つの実験にまったく異なるところがないということはありえず、比べるには大変な手間を要する。こうした比較が的確とは限らないと指摘するのは、科学者であるウェーバーにとって正当な権利であり、それ以上に義務であろう。論理が誤っているから、あるいはデータが貧弱だから自分に非があると、認めるわけにはいかなかったのだから。

「偽りの信号」の烙印《らくいん》

それから四半世紀、ウェーバーを取り巻く環境は改善しなかった。中傷する者たちはひどい間違いをあげつらった。ウェーバーは明らかな誤りを主張することがあった。あるとき、銀河系の中心が頭上に来ると、つまり二四時間ごとに、事象がまとまって記録されると気づいたウェーバーは、信号の発生源は星の密集した銀河の核ではないかと考えた。多数の重力活動によって大きな重力波が生まれてもおかしくないからだ。天文学者のトニー・タイソンはプリンストンで開かれたあるセミナーで、ホイーラーとダイソンとともに最前列に座っていた。ウェーバーはそこで、銀河系が頭上にある二四時間ごとにデータに大きなピークが見られるというグラフを示し、重力波の強いバーストの出どころが密度の高い銀河の中心であることを示唆した。タイソンはこのときのことをこう語っている。「私たちはみんな立ち上がり、『ちょっと待った、ジョー。重力波は地球を通り抜けるはずじゃないか』と言いました」。ウェーバーの結論にとって都合の悪いことに、重力波は地球をすり抜けるので、バーは事象を一二時間ごとに、銀河系が頭上と足元にあるときに記録するはずなのだ。論理の誤りを指摘されたウェーバーはデータを分析し直し、数週間もしないうちに事象が一二時間ごとに頻発していることを示すグラフを手に戻ってきた。データ分析にかくも融通が利いたことも疑念を深めた。

トニー・タイソンはベル研に独自のバーを用意していたが、早めに手を引いたほうがよさそうだと思っていた。バーを一年以上稼動させていたが、「何一つ見つからなかった」からだ。だが、新たな物理学の可能性をめぐる興奮がまだ残っており、もっとうまくやりたい、限界を超えたいという衝動をタイソンは抑えられなかった。ロチェスター大学のデイヴィッド・ダグラスはタイソンのバーとそっくり同じものをつくり、遠く離れた場所で同時観測される事象を探せるようにした。当時ベル研の親会社だったAT&Tのはからいにより、タイソンとダグラスとウェーバーの実験室間に直通回線が引かれた。三人は互いのデータを直接ダウンロードしてデジタルテープに記録し、各自で分析できるようになった。

独立に製作・運用されていたこれら複数のバーから得られたデータを分析した結果として、ウェーバーはメリーランドの検出器に記録されたのと同時発生したひげ状のパルス《グリッチ》がほかのデータにもあると主張した。遠く離れた場所で独立に運用されている装置で同時発生したのなら、記録された信号が確かに天体物理学的なものであって近場で起こった世俗の雑音ではない、という彼の言い分は支持される。だが、ダグラスとタイソンは雑音を上回るものを何も見つけていなかった。

タイソンは自分のデータに較正《こうせい》目的で意図的に模擬パルスを注入していたのだが、それと同時発生した雑音がメリーランドのデータにあって、ウェーバーはそこから偽りの信号を抽出したのではないか。タイソンはそう推測している。「私たちはジョーに較正注入のことを伝えたつもりでしたが、伝えていなかったのかもしれません」と言いながらタイソンは首をひねっていた。ウェーバーがそうして得られた偽りの信号をもって同時発生を主張したのなら、彼は同時発生をどこでも検出できることになる。もっとまずいことに、データの記録に使われた標準時間に三人のあいだで違いがあった。タイソンとダグラスはグリニッジ標準時で、ウェーバーはアメリカ東部夏時間で記録していたのである。ウェーバーの装置で二時に事象が記録され、タイソンとダグラスの装置でも同じく二時に事象が記録されたとしても、実際にはそこに四時間の時差がある。これでは同時発生した事象があったとは言えない。どれほど条件のよい実験でも、この手のミスを取り返すのは不可能だ。結局、ウェーバーはデータ分析から手を引き、バイアスがかかっているという非難をまぬがれようとしたが、時すでに遅し。周囲には悪意が満ちていた。彼は意図的にかつがれ、だまされて、誤った主張を生みそうな誤った望みを抱かされたうえ、その計略が誰でも中を覗ける実にたちの悪い会合で明かされた。彼は手口を暴くべきぺてん師にされた。タイソンはウェーバーを「優れた電気技師でしたが、ひどい統計家でした」と評している。

一九八〇年代の終わりごろ、名誉教授となっていたウェーバーは、メリーランドの森とゴルフ場のあいだにある飾り気のないコンクリートブロック造りの実験室棟を自腹で維持していた。新聞記事によると、実際に財布を見せてアピールしていた。そして、正面の看板は特に手入れもされていず、矜持《きょうじ》は色褪せており、建物の「重力波観測所」という表札は風雨にさらされて消えかかっていた。

6章 プロトタイプ

カルテクの〈四〇メートル〉に潜入

カルテクのキャンパスに、角度によってはトレーラーに見える建物があるのだが、iPhoneでGPS座標が表示される地図と正確な緯度・経度を指し示す矢印を動員してもなかなか見つからない。産廃置き場まではたどり着いたが、〈四〇メートル〉の唯一の出入口があるこれといった特徴のない場所の前を、迷っているうちに通り過ぎたようだ。〈四〇メートル〉とは、カルテクの干渉計プロトタイプとそれが据えられた建物（中央技術業務部ビルに取って付けたようなもの）の通称である。iPhoneの地図と矢印は、通りでも建物でもどこでもないところをそこだと告げており、わけがわからない。

知らないうちに、目指す場所を一〇〇メートル近く行き過ぎていたようで、現在地の座標を指し示すiPhoneの向こうから、懇切丁寧な地図を用意したのに〈四〇メートル〉を見つけられないのかとジェイミー・ロリンズに文句を言われる。「これから迎えに行くから」。相手はわざと怒ったような声を出している。「来た道を戻って」。言われたとおり、産廃置き場のほうへ戻る。

院生時代にワイスのもとにいたジェイミーは、最近まで数年、〈四〇メートル〉のプロトタイプに従事していたが、今はLIGO科学コラボレーションの別のポストに就《つ》いている。私は二、三歩戻ったところで、荷さばき所の横にあるトレーラーの扉を〝これなの？〟という質問の意味で指さす。歩み寄ってこれみよがしに迷ったという表情をつくると、相手も戸惑った顔を装う。「地図を渡したじゃないか」

間に合わせのようなこの建物の中には、ここからしか入れない。ただし、これは建物と言うより、三〇年前にその場しのぎでつくられた一時的な格納庫、装置のテストや開発のための仮設小屋だ。中心的な運用が主にこのトレーラーの中でなされていることは確かである。しかし、実験室は二方向に直交する四〇メートルのパイプを収容しているはずなので、現実問題としてトラック大のわけがない。周囲を歩いて確かめたわけではないが、トレーラーの先は当然何か別の建屋《たてや》とつながっている。この目立たない平屋の建物の中でなされてきた何十年という労苦の積み重ねが、新たな形容や説明（読者の皆様に強い印象を残せるようがんばるつもりだ）に値する偉業として結実することになる。トレーラーのつつましい出入口から入ると、そこは装置の長さの一〇億分の一の一兆分の一もないさざ波を測定しようという実験の、研究開発の場である。

桁外れの大きさと小ささが対《つい》になっている。信号は極微《きょくび》。発生源は天文学的。検出しようとしている変位は極微。その見返りは天文学的。宇宙を理解しようという人間の大志は単なる叙事詩、そのための天文学的な切り札は宇宙の叙事詩。

〈四〇メートル〉は誰のものか？

この建屋と四〇メートルプロトタイプには決まった所有者がいない。チームがごっそり入れ替わっても問題なく、現に、科学者の出入りがあるたび、部分ごとに編成と再編が繰り返され、お守《も》りが誰であっても装置はうなり続ける。数え切れないほどの学生がこの狭い室内でトレーニングを受けてきたし、〈四〇メートル〉ラボの管理は長年輪番で務められてきた。本体の各部は、設計、吟味、製作、テスト、改良、文書化、検証を経て本体に取り付けられてきたものだ。優れたアイデアは導入が決まって分解され、議論され、元どおりにされ、組み込まれるとともに、(カルテクでもMITでもない)別の二カ所にあるフルスケールのLIGO検出器のための製作が依頼され、その際には規模の変更と再調整が要請される。実際の作業にさっさと片づけられるものは何もなく、実験家はある種の忍耐を覚え、あわてないからこその明晰さで事を運び、長期的な視野を身につける。プロトタイプの操作は宇宙ステーションほどゆっくりではないものの、地に足が付いており、急ぐところがない。ラボは無人になることもあるが、普段は制御室にもっと人が張り付いて干渉計の内部動作を監視している。

カルテクの〈四〇メートル〉を前にして、ジェイミーは私に保護めがねを渡し、自分でも普段のめがねに妙に似たものを掛ける。二人とも紙製のシューズカバーを履き、外の汚れが靴から落ちてラボの床を汚したりしないようにする。シューズカバーにはサイズが二つあるが、要は大と小だ。私は小のほうを指示される。シューズカバーと保護めがねを身に着けた私たち二人は、おなじみの前屈みの姿勢で画面をにらむ数人の院生とポスドクが陣取る部屋の細い通路を通り、光学系を監視する白黒画面が並ぶ狭い制御室を抜け、両開きの扉を開けて、装置本体のある場所に入る。扉の上に、扉そのものに、扉の脇に、標識が貼られている。直観的に警告表示だろうと思ったが、実際に何と書いてあったのかまでは確かめなかった。数週間後に具体的な文言をメールで尋ねたところ、こんな返事だった。

いろいろある
本当にいろいろ
危険
立入制限区域
レーザー
などなど

こうした標識は、訪問者がラボにうっかり迷い込んだりしないようにするのにふさわしい雰囲気を醸《かも》し出す。入室しようとする者は、そこがなかば磁器の店、なかば工場であるかのような気遣いと敬意をしかるべく求められる。この場所をさらにクリーンにすべく、床に粘着テープが貼られている。テープが靴カバーの底に付着し、靴カバーの入ったかごからラボの両開きの扉までという短い移動で付いたほこりや汚れを取り去るのである。

実験物理学のラボというのは、あなたが今まで入ったことのあるどのような部屋ともおそらく違う。照明は当然ながら乱暴、強引なほど明るくて、見た目の美しさは気にもされていない。機械音が、高調波のうなりがする。モーターを使う装置がすっかり止まって、コンピューター関連のファンの音だけになることもある。特注の吸音材など使われないので、機械音は意図的とも思えるほど、脱工業化を表現する実験的なオーケストラか何かで使うのかというくらい、クリアに聞こえる。

ステンレス鋼のパイプが二本あり、それぞれ長さ四〇メートル、直径約五〇センチほどだ。〝アーム〟と呼ばれることのほうが多いこのパイプは、二本でL字をなすように敷かれている。ところどころから配線が垂れ下がっており、パイプに沿って歩くスペースがかなり狭い。このラボにいることに少し居心地の悪さを感じる。保護めがねが何度もはずれて落ちる。

「このめがねのフィルターはどれくらい効くの？」掛けなくてもいいかもしれないと思って尋ねてみる。

「それはもう。ビームから光子が一個室内に漏れ出て君の眼に飛び込んだら、えらいことになるからね［いくらなんでもこれは大げさだと思う］。そいつは掛けてて。このあいだ上の光学系チャンバーの真空を大気圧に戻して、今週はずっとその中に頭を突っ込んでる。ストレスたまるよ」

そのあと案内されているあいだじゅう、私は片手でめがねを顔に押さえつけて歩いた。一九八〇年代初頭、ドレーヴァーは手持ちのすべてをカルテクの四〇メートルプロトタイプに持ち込んだ。〈四〇メートル〉について今では誰にも当てはまらないことが、かつてドレーヴァーには当てはまっていた。〈四〇メートル〉は彼のものだったのだ。本人もかつて、「そう理解されていたと思います」と発言している。

「干渉計」は誰のアイデアだったのか？

干渉計が自分だけのアイデアだとか、ワイスないしほかの誰かのアイデアだとか、ドレーヴァーが思っていたことは一度もない。公平を期すと、ワイスも同様である。私が訊いたとき、ワイスは即答で、過去を念入りに調べたところ、重力波検出器としての干渉計の利用を初めて検討したのは自分ではなかったと言っていた。一九七〇年代、「アメリカにはこのアイデアに取り組んでいた人物がもう一人いました――ウェーバーの学生で、私も知っていました。ボブ・フォワードといいます……そして彼もアイデアを練っていました。というわけで、このアイデアは……私だけのものではありません。ほかの人も考えていたのです」

ドレーヴァーは一九九七年のインタビューで、「ロバート・フォワードという男がいました」と発言している。当時のフォワードはカリフォルニア州マリブのヒューズ研究所に勤めており、会社を説得して独自の干渉計をつくる手はずを整えていた（訳注　SF作家としても著名なロバート・L・フォワードのこと）。

　ワイスはこう振り返っている。「フォワードはこのアイデアを私にも面識がある男から得ていました。そのうえ私から聞いたと言うんです、フィル・チャップマンという男を通じて。それは何かの間違いでしょう。本当の出どころはウェーバーだと思いますよ。ウェーバーも重力波の検出手段として干渉計を使うことを考えていましたから。

　実は、あとになって驚くべき事実が発覚しました。キップが少々調べてみたところ、モスクワ州立大学の二人のロシア人「ゲルツェンシュタインとプストヴォイト」がこのアイデアをソヴィエトの《実験および理論物理学誌》で発表していたのです、私がまだ考えたこともなかったうちに。もちろん、このことは知りませんでした。二人の名前さえ知りませんでしたが、今では私たちの著作物のいくつかに載せています。彼らのアイデアは大ざっぱで、ボブ・フォワードやウェーバーのと似ていました――距離を綿密に測定する手段として光を用いるという点で。これでおわかりでしょう、干渉計検出器のアイデアは至る所で生まれていたのです。私がやった重要な仕事は、このアイデアに現実味があるかどうかを雑音解析で実際に確かめたことでして、雑音解析は非常に大事だと思っていたんです。謙遜して言ってるんじゃありませんよ」

　ワイスは当時の心持ちをこう述べる。「あれは実験まで終えた結果ではなく、アイデアでしたので、発表しないのが普通でした。ですが、あれをどこかに載せるべきだという気もしていたので、四半期ごとの進捗《しんちょく》報告に載せました……たいそう長いレポートになりました。そしてそれっきり、私たちはどこにも発表しませんでした。ですが、実はそこにすべての基礎が述べられていました」

ソーンは別の機会にライナー・ワイスによる雑音解析の重要性に言及している。ここで言う〝雑音〟とは、車が通ったときの振動から地震、さらにはレーザー光の量子揺らぎまで、装置を揺らすとにかく何もかものことだ。彼はこのレポートを「偉業」と呼ぶ。ソ連で発表されていたゲルツェンシュタインとプストヴォイトによる初の論文に、基本的なアイデアはきわめて明快な形で記されているが、雑音推定や実現可能性評価はない。「このアイデアはレイのおかげで現実のものとなったのです」とソーンは強調する。「レイは初代のLIGOがどこかで直面するであろう主な雑音源をすべて挙げ、その対処法を考え、装置にそれらを採り入れた場合の雑音解析を行ないました。レイが自分で認めているよりはるかに優れた仕事です。今振り返ると驚くばかりですよ」

ワイスは私にこう語った。「あれはアイデア止まりだったから発表しなかった。私は相変わらずこういう考え方の持ち主です。今はまだ実証のほうは得られず、それが欲しくてたまらない。困ったものでね。哲学的に言って大事なことです。あなたがどうお考えかわかりませんが、アイデアを出すことと実際に手を付けることは大違いですから。別物なんです。若い人たちがアイデアを思いつき、どこかで発表して、自分のものにしたあと、その実現のために自分では指一本動かさないのを目にすると本当に腹立たしくなります。彼らは苦労して最後まで見届けたわけではありません。称えられるべきは、そして発表すべきは、そのアイデアを実現させた人たちですよ」

一九七〇年代、ドレーヴァーはワイスのレポートの載ったMITの内部進捗報告書をマイクロフィルムから探し出し、それを写したほとんど読み取れないような像を拡大する、という厄介な手順を踏みまでして読んでいた。ドレーヴァーのグループは自分たちの突飛なアイデアのなかからレーザーを検討していたが、そのアイデアの出どころが天啓だったのか、ドイツ人だったのか、はたまたワイスのあのレポートだったのか、ドレーヴァーはよく覚えていなかった。彼の率いるグラスゴーのグループは乏しい予算でやりくりしており、レーザーは高嶺《たかね》の花だった。それだけでも一万ポンド近くして到底手が出そうになく、もう二、三年ほど別の方向性を目指していたほどだ。ドレーヴァーはワイスが国立科学財団に提出した計画書にも目を通していて、書かれていたプロジェクトをずいぶん高く評価していた。ドイツのビリングスもほどなく干渉計に取り掛かっている。両グループともレーザーを使うアイデアを前から考えてはいたが、行動を起こしたのはワイスの計画書の現実味に後押しされてのことだった。

ドレーヴァーは干渉計に必要なテクノロジーについて二年ほどじっくり検討しており、一九七〇年代にフォワードと会ったときにはグラスゴーでの活動の初期段階にあった。重力波検出器としての自由質点干渉計というアイデアの出どころがよくわからないからか、ドレーヴァーはあいまいに干渉計が空中にあるという言い方をした。ただし、ドレーヴァーがワイスから得たとする重要なアイデアがあって、それはアーム内で光を複数回反射させれば感度を大きく上げられることだった。ドレーヴァーはこのアイデアの別バージョンとして、原理的に安上がりのファブリ＝ペロー共振器を使うことを思いついた。彼はドイツのグループと友好的なライバル関係にあると思っていたが、相手はどうやら資金も支援も何もかも自分たちより恵まれていそうで、正直なところうらやんでいた。ファブリ＝ペロー共振器を使うというアイデアを思いついたおかげで、ドレーヴァーは競争で優位に立った。彼はこのアイデアを、まだ冷戦中で鉄のカーテンの向こう側だった東ドイツのイェーナで開かれた会議で発表した。「興奮しましたよ、鉄のカーテンやらあれやこれやをバスで通り越して、西ドイツと違ってみすぼらしいようすを目《ま》の当たりにしたんですから」

L字形をした「光の通路」

こうしたごく初期から出発して、各グループが長年にわたって労力を注ぎ込むうちに、干渉計は複雑さを増していった。私は今回ラボを訪ねるまで、どこぞの干渉計の簡素な図面しか見たことがなかった。だが、実物と図面は、本物の人体と人形《ひとがた》の絵文字くらい違う。実物は長年にわたる研究、飛躍的な進歩、試行錯誤、大量の地道な作業の末に、現実の物体として姿を現したものだ。こんな山登りは私には絶対にできない。私はふもとで双眼鏡を手に見守る大勢に混じって、案や説を大声で叫び、専用の靴を履いてピッケルなどの道具を手にした登山者たちを応援するほうだ。この実験が形になっていることに対する一理論家の敬意をここに読み取っていただきたい。

カルテクの〈四〇メートル〉では、不必要なほど細かい装置図面が、片方のアームの横にあるラボの壁にポスターよろしく貼られている。専門家が引いたその図面には、目の前にあるプロトタイプの複雑な構造が描かれている。装置内を走るレーザー光の光路には、線が思っていたよりかなり多く行き交っている。以前見たのは一往復だけの（不正確な）略図だった。この図面は私にはちんぷんかんぷんだ。写真に撮ってあとでじっくり見てみようかとも思ったが、やめておくことにする。LIGO科学コラボレーション（LSC）に加わるには覚書への署名が必要で、そうするとコラボレーションからの期待に応えると法的に約束することになるからだ。私は覚書に署名していないので、何が許されているのかわからない。

「私はLSCの正式メンバーじゃないのに、どうしてすっかり見せてもらえるの？」

おもしろがったジェイミーが、「おいおい、飛んで帰って自分でもつくるつもりかい？」と言って私を小突く。

飛んで帰ってつくるなら、こうしなければならない。まず、地揺れの少ない場所を探す。次に、トンネルを二本、L字形につくる。トンネルは長いほどいい。重力波が通り過ぎると、距離がごくごくわずかに伸び縮みする。検出可能な重力の〝音〟の大きさは、つくったトンネルの長さ、ひいてはそこに配されるアームの長さに左右される。典型的な重力波による変化は、アーム長の一〇億分の一の一兆分の一もないかもしれない。アームが短すぎると重力波に対する感度が落ちて、空間が波打つのに気づかないことになる。

L字の頂角に強力な高エネルギーレーザーを据える。ビームスプリッターという、その名のとおりビームを分けて二本のアームに送り出す装置に向けてレーザー光を放つ。そしてここが肝心、空気や汚染物質などの粒子を何もかも、アームの内部からポンプですっかり抜いて、光が空っぽの空間を何にも妨げられずに通れるようにする。アームを空にすることは難関の一つだ。散乱したり吸収したりと、レーザー光になにかと干渉する空気は邪魔なのである。光はフルスケールの装置のアームの中を一〇万分の一秒ほどで通過する。その際、鏡面と垂直方向にほぼ自由に動けるように吊る。空間が振動すると、鏡はその波に乗ってアームの伸びる方向と平行に、自由に揺れ動く。

この精密な鏡で光をアームに沿って元の場所へはね返し、L字の頂角で再結合させると、片方のアームからの光がもう片方からの光とビームスプリッターで干渉する。ビームがまったく同じ距離を走ってきたなら、光はブライトポートではきれいに重なり(訳注 この光は再利用される)、ダークポートではすっかり打ち消される(訳注 重力波の観測ではこちらを監視する)。そうではなく、アームの片方が短く、もう片方が長くなったなら、分割されたビームはまったく同じ距離を走ってきたわけではなくなるので、ビームを再結合させると、移動距離にわずかな差があることを示す干渉縞が現れる。片方の移動距離がたとえば陽子の大きさの一万分の一長いか短いかすると、移動時間に一兆分の一の一兆分の一の一〇〇〇分の一秒(一〇の二七乗分の一秒)の差が出る。これで使い物になる干渉計が出来上がる。

もう一基つくる。いまの手順を繰り返す。二基要るからだ。少なくとも二基。場所は一基めから遠く離れたところに。二基めは検出が本物であって誤認ではないことを確かめるためのもの、そして音のする方向を突き止めるためのものでもある。地球上に検出器が二基あることの御利益《ごりやく》は、頭に耳が二つあることの御利益と同じだ。

まとめよう。L字をつくる。真空にする。レーザーを光らす。鏡を吊るす。光を再結合させる。干渉を検出する。音を記録する。簡単なことだ。

簡単。

あなたも簡単だと思いかけたかもしれない。ライナー・ワイスは、〝鏡を空中に自由に浮かせて、さざ波に揺られるがままにする。この自由に浮かぶ鏡を中心に検出器をつくる〟というシンプルなアイデアから出発した。どちらかの観測所で最近、改良型LIGOの設置を一部進めていたメインラボから、ワイスが頭に血を上らせて飛び出してきて、たいそうな勢いで悪態をついた。居合わせたある同僚は何か声を掛けるべきかどうか迷ったが、当たり障りのないところで「調子はどうだい、レイ」と言ってみた。

「あの装置は複雑すぎるんだよ、ちくしょう！」レイは立ち止まろうとも声のほうを見ようともせずにわめいた。「複雑すぎるんだよ、もう、まったく」

7章 トロイカ

「重力波探し」は終わったテーマではない!

学術上の非難が倫理上の追及の様相を呈したと聞いても、特に驚きはないかもしれない。その具体的な倫理基準が特定の集団固有のものであってもだ。科学者のあいだでは、間違っていることは犯罪も同然である。そして、どのような科学の営みにとっても検証可能であることは欠かせない。自分が使うと鳴るのに、世界中でほかの誰が使っても物音一つ立てない実験に基づく誤った主張からは、何も得られず、すべてが失われる。ウェーバーは自分のデータから導いた自分の統計的解釈を信じていたに違いない。ウェーバーがデータを意図的に誤って解釈したという見方があって、私はそうは思っておらず、広くそう思われているわけでもないが、すっかり排除された見方というわけでもない。

ライナー・ワイスとキップ・ソーンとロナルド・ドレーヴァーが共鳴棒型検出器の辿った破滅の跡を眺めたとき、こうしたごたごたから一歩引いたほうがよさそうだと、いかなる余波からも安全な距離を置いて、科学者としての評価を無傷に保つことを選んだほうがよさそうだと、思う理由はいくらでもあったはずである。だが三人はそれぞれに、あとに残されたものを調べて、ウェーバーが道しるべを立てた先には大変な宝が眠っていると信じた。ドレーヴァーは少々時間をとって現状をよく確かめてから干渉計に取り掛かった。ワイスは自分の脳裏の片隅に干渉計を見つけてようやく本腰を入れた。ソーンは実験家の助言がたまるのをじっくり待ってから進むべき道を決めた。

ソーンは自著『ブラックホールと時空の歪み——アインシュタインのとんでもない遺産』（林一・塚原周信訳、白揚社）で、アインシュタインの次の言葉を引用している。「感じているのに言い表せない真理を求めて闇の中を探しまわる年月、突破口が開けて一点の曇りもない理解に至るまでのあいだに感じる強い欲求や交互に現れる自信と不安、それがどんなものかは実際に経験した者だけが知っている」。三人にとっての不安の一つが、ウェーバーが一躍名声を得たのち、人目にさらされた中で痛々しいほど身を落としたことだったに違いない。多くの実験家がこのテーマを諦めた。分野全体としても当然、戯《ざ》れ言《ごと》のための新技術にカネを出すほど太っ腹ではなかった。ウェーバー・バーは少なくとも安かった。だが干渉計は、実験室の床から切り出したゴムマットと実家の車庫で要らなくなったバッテリーでつくるというわけにはいかなかった。リスクは回避するのが普通だった。多くの科学者にとって、重力波探しはもう終わったことだった。

だが、ソーンとドレーヴァーとワイスは「強い欲求」のなすがままに研究を続け、「感じているのに言い表せない真理」を求めて悪戦苦闘した。三人が研究に励んだ「闇の中を探しまわる年月」は、三人の誰も想像すらしなかったほど長期に及んだ。三人とも、崇高な――「一点の曇りもない理解」への突破口が開かれる――瞬間を一目見ようと努力を続けた。だが、汚点やその他もろもろが、ウェーバーの件が、どうしても付いて回った。三人はわなにはまっていた。グループ間の競争は彼らを駆り立てる一方だった。三人とも引き返せなかった。この山登りの視界は頂上に向けてしか開《ひら》けていなかった。

その道は必ずや巨大プロジェクトに通じる

ソーンの大きな存在感と理論的成果の蓄積もあって、ドレーヴァーとスタン・ホイットコムがカルテクに〈四〇メートル〉をつくると、ワイスは独自の道を選んだ。カルテクとMITでグループ間のコミュニケーションは引き続き取れていたが、明らかに異なる技術的アイデアに基づく別物のプロトタイプを独立に稼動させていることに変わりはなかった。少なくともドレーヴァーにすれば、自分とワイスは多少なりとも競争相手だった。そのワイスに、ドレーヴァーは早くから感心させられていた（彼のスコットランド人らしい発音や抑揚をうまくお伝えできなくて残念である）。「ごく初期のころ、彼は機材をたくさんもっていました。真空タンクにレーザーに、主なものはすべて製作済みでしたね、ごくごく初期のうちに。妙だったのは、その段階から進む気配がなかったことです……ずいぶん長いこと」ワイスにはたいして資金がなく、たいして支援もなかった。ワイスは言う。「はっきり覚えてますよ、重力波を探したい理由を学科の人間に説明しようとしたときのことは。目的の一つがブラックホールを探すためだと言ったら、ブラックホールは存在しない、そりゃだめだ、と言われました。

LIGOがMITで始まらなかったことにはこの見方が大きく響きました。積極的な反対を控えていた者も一部いました。私の友人たちです。ですが、有力な人たちは存命中ほとんど最後の最後まで、ブラックホールが実在するという証拠はどれもそのブラックホールがなくても解釈できると信じていました。これがMITの姿勢を決めました。雰囲気はすっかり毒されていました。MITは現代重力理論に優しい場所ではなかったのです」

重力波をテーマに博士論文を書いたワイスの初期の院生たちは、審査委員会の面々から敵意をもって迎えられた。現実に存在する天体物理学的発生源が鳴らす音を記録できる感度は、ワイスのグループの一・五メートル干渉計プロトタイプにはとうてい達成できそうになかった。たとえ太陽が吹き飛んでも、その音は捉えられなかったことだろう。ある委員は、窓から外を眺めたほうがよくわかる、という趣旨の発言をした。ワイスはいまだに腹を立てている。「今思い出してもあと味の悪い話です」と言う。そんな状況にもかかわらず、優れた創意がプロトタイプの技術に、そして仮説データを理解するためのアルゴリズム開発という先を見越した活動で発揮されていた。ある学生は爆発中の恒星を探し、別の学生はブラックホールの衝突を探した。こうした発生源を実際に検出するには感度がまだ六桁も足りていなかったが、将来を見据えた計画があった。

「あんな状況でも学生たちは〝物理学上の成果は何

か？〟という姿勢をしっかり保っていました」。しかし、ワイスと学生らには科学的な主張ができなかった。現実の天体物理については何も言えなかった。

重力波を検出できる干渉計をワイスが小さくつくれると思ったことは一度もない。彼は雑音として現れる物理的な限界を知り尽くしていた。代々の学生が雑音の下限を押し下げ、本物の信号が背景雑音と肩を並べる可能性を高めていた。それでも、雑音は予期されるどんな宇宙の音よりも一〇万倍、ともすると一〇〇万倍うるさかった。検証を重ねるたび、科学的に通用する検出器の予想規模は大きくなるばかりだった。ワイスは、プロトタイプの製作には二度とかかわらないつもりだった。科学に携《たずさ》わりたかった。だが、直感に背《そむ》いて働き、抵抗感のあるほうを仕方なく向いていた。巨大プロジェクトについては、そこに注がれる無駄な労力を、その頭痛の種《たね》を、それを管理するという悪夢を、実体験からよく知っていた。だが、科学が彼に巨大プロジェクトを、一・五メートルでも三メートルでも、四〇メートルどころでもない巨大な装置を押し付けた。長さ数キロ規模の装置だけが現実的な選択肢だった。「ビッグサイエンスは嫌いでした。ですが、［実験は］巨大プロジェクトとしてしかできませんでした。続ける方法はほかになかったのです。科学があれを要請したのです。小さくつくれると思ったことはありません」

救世主、アイザックソン

一九七九年の暮れ、ワイスは自分のプロトタイプを運用して一〇年ほどになっており、この小型版から得られるものは得尽くしていた。そこで、国立科学財団（NSF）の重力物理学のプログラムディレクター、リッチ・アイザックソンに動いてもらおうと決めて、首都ワシントンへ赴いた。アイザックソンは、重力波のプロジェクトが行き詰まらずに済んだのはひとえに彼のおかげだと大勢が認める人物である。NSFは新世代の重力波検出装置の開発にそれなりの資金を出していたが、資金はカルテクのドレーヴァーに流れ、MITのワイスにはそれほど流れてきていなかった。実はワイスは規模拡大にまったく乗り気でなかった。彼の小さな実験室で、グループは何でも手作りできた。いきなり大きくすると費用も時間もかかる。だが、大規模な実験に手を出すのであれば、人里離れた観測所が、もっと複雑な装置が、そしてあらゆる面で大掛かりな事業が避けられず、そのことについてしっかりした根拠が必要だった。そして、NSFの協力が不可欠だった。

プログラムディレクターのリッチ・アイザックソンは「とても誠実で、この話の願ってもない救世主なんですが、彼がなぜ救世主なのか？　この分野に携わっていたことがあるからです」。エネルギーが重力波として失われることを説得力ある形式的計算を通じて証明した一人なのである。科学の素養が十分にあったアイザックソンは、管轄を主張しそうな政府機関がほかになかったことから、プログラム担当官としてこのプロジェクトを、このすばらしい企てをNSFのものにしたいと考えた。学問分野としての重力理論はエネルギー省や国防総省はもちろん、NASAの視野にもなかった。それに対し、アイザックソンは目の覚めるような新たな展望をNSFが独占する機会を見て取っていた。望遠鏡では見えない宇宙の側面を記録する手段となる新たな天文分野、重力波天文学の誕生を期待していたのだ。重力波の検出はリスクが大きく、論争の的になっており、技術的に不可能に近かった。しかし、重力理論に基礎分野として大きな関心が集まるようにするための唯一の道でもあった。

アイザックソンとワイスは、ワイスの自宅から車ですぐのウォールデン湖のほとりを好んで散歩したものだった。資金と科学の仲裁人たるアイザックソンが、被助成者の例に漏れず単なる知識ではなく人生が懸かっているかのようにふるまうワイスと、策を練りながら、ときには議論を闘わせながら、ぶらぶらするのである。ただし、今回はワイスが首都ワシントンにアイザックソンを訪ねている。机をはさんでやり取りする代わりにぶらぶらできる、似たような場所がNSF本部近くにあるかどうか、私は知らないのだが、ウォールデン湖のワシントン特別区版を舞台にこの対面がカモフラージュされるところを想像したい。屋内では敵に盗聴されやすいと案ずるスパイのように、二人の男が並んで外を歩くところを。ワイスは自分のプロトタイプでの実験、本質的な限界、天文学コミュニティーの反感を語った。科学としての可能性に対するアイザックソンの熱意を除くと、障害は大きかった。費用ははっきりしていなかったが、ざっと見積もっただけでも「目まいがしそうなほど」で、その額たるや、天文学向け予算の総額に匹敵するほどだった。そして、科学上の大失態（一人の科学者が間違っていたこと）という汚点が天文学の他分野からの評価を下げていた。ウェーバーの遺産のせいで、アイザックソンの助成先だったまさにそのコミュニティーからの反発は必《ひっ》至《し》だった。

ワイスがこんなことを語っている。「メリーランドのウェーバーの実験室をなにかと訪ねたものでした（訳注　メリーランド大学は首都ワシントンの中心部から一〇キロと離れていない）。私たちはなんと言うか、よそよそしく親しい間柄でした。ですが、私はジョーを評価してまして、今なら奥さんに必ずこう言いますよ。彼はこの分野を立ち上げたという業績を認められてしかるべきだってね。彼は想像力豊かでしたが、優れた実験家ではありませんでした。あのあと誰もがえらい目に遭わされたことは確かです。

ウェーバーとあの顛末《てんまつ》のごたごたを、ＮＳＦは深刻に受け止めてたんですから、本当に」

（ここで私から一言。アイザックソンは、ウェーバーの件の影響は何度も蒸し返されたせいで誇張されており、実際に決定が確定したときはそれほどの制約にはなっていなかった、と考えている）。ワイスはアイザックソンに言った。「あの装置じゃ続けられません、あれが科学を営めるものにならない限りは」

「ブルーブック」提出される

ワイスは、科学的に通用する干渉計の実現可能性と費用について、技術系のパートナー企業と協力して徹底的に調べることを提案した——科学的な検討ではなく、実用化の検討である。結果が有望で、フルスケールの装置が実現可能なら、新たなビッグサイエンスを立ち上げる事業を支援するのに使える文書がアイザックソンの手に入る。見込みがあるとわかれば、重力波検出の期待に今でも胸を膨らませている世界中の科学者にワイスが声を掛けてコンソーシアムを結成する。「集めてみせる、約束する。そう彼に言いました」

結果が芳《かんば》しくなくても、誰もが研究を続けるだろう。少なくともワイスは。私には話が決まった二人の握手をするようすが目に浮かぶ。

ワイスとMITのチームは、〝ブルーブック〟と呼ばれることになる文書のための検討作業に三年をかけた。その結果をNSFに提出する準備がほとんど整ったころ、ワイスはイタリアで開かれた一般相対論の会議でソーンとドレーヴァーにばったり会った。「私は息子と一緒でした。息子同伴だったのはあれが初めてでした。一三か一四歳だったと思います。ドイツ人たちがいて、スコットランド人たちがいて、ドレーヴァーのグループも、キップもいました。私たちは彼らと、あの検討作業に最終的にどう加わってもらうか議論し始めました。息子のベンジャミンを連れて、キップとドレーヴァーに会いました。ブルーブックに盛り込んだ計画を二人に話して聞かせると、このころにはもう私を説得しにかかっていたキップがこう言いました。『だったら、どうして誰彼問わず誘うんですか？　バー派はこの話に乗ってきません。でもわれわれは大いに興味をもっている』。彼は多大学ではなく二大学の話にしたがっていました。カルテクとMITの話に。そして、ここが少しあやふやなところでして。理由を覚えていないのですが、私は同意しました。同意した理由ですが、一つには――なんと言うか、私はキップに対して大きな敬意を抱いています。今でもね――敬愛しています。彼が提案して、確か――やっぱりわかりません。キップとの個人的な関係をふまえてのことだと思います。何らかの意味で、ですが。

ロン・ドレーヴァーのことは何も知りませんでした。彼がどれほどややこしい人物か知らないまま、あの晩あのホテルで会いました。そしてすぐに気づきました、目の前にいるのはとても変わった人だと。あの計画について、そして共同でやらなければいけない理由について、私は繰り返し説明しましたが、彼はかたくなに拒みました。『カルテクに行ったのはあなたと仕事をするためではありません。自分のことをやりたいのです。なぜあなたと手を組まなければならないんですか？』とまあ、こんな感じで。一晩中――と言うか、その晩はずっと――この調子でした。同席していた息子は自分の耳を疑ってました。キップは議論を落ち着かせようとしました。ベンにはあとでこう言われましたよ。『何しようとしてるの？あの人は父さんとは一緒に仕事したくないんだってば。いったい何がしたいのさ？』私はこう答えました。『あのな、あれは彼一人じゃできない。父さん一人でもできない。途方もない大仕事なんだ。一緒にやる方法をなんとかして見つけなきゃならないんだよ』

この問題が本当の意味で解決されることはありませんでした。ここで一年ムダになった可能性もあったのですが、とにかくどうなったかというと、キップがカルテクとMITの共同レポートにしたほうがいいと私を説き伏せたんです」（ただし、正確な経緯はこうだとキップが強調するのに従えば、「ブルーブックは誰がなんと言おうとMITの文書であり、カルテクのスタン・ホイットコムが個人的に貢献したということです」）

七〇〇〇万ドルのプロジェクト――MITとカルテクの合同成る

ワイスの話は続く。「そして、私たちはプレゼンをしました――確か一九八三年一〇月に――ようやく。

あれを提案すること自体が本当に怖かった。約七〇〇〇万ドルかかるアイデアとして提示しました――途方もない額ですよ。これが実用化検討の結果でした……観測所が二カ所ということ以外はすべて、必要最小限の内容でした。そして、ロン・ドレーヴァーがキップによって無理やり引き込まれていました。ロンはまったくかかわりたくなかった。自分の研究をやりたかった。全部一人でやりたかった。それをキップが説得しにかかったわけですが、そのキップも、ビッグサイエンスの進め方はたいして知りませんでしたし、ロンが一人でやるという話にはならないことも知りませんでした。

いや、ここは話がすっかり混乱しているところでして。キップと私で話が合わないんです。あなたがこれから聞く内容はキップの言い分と違いますよ。私は一機関だけでは無理だとわかっていました。なのでキップを説得しなければなりませんでした……あのときキップは、それじゃあまるで無理やり結婚させられるようなものだと言いました。ですが結婚は避けられないことでした。私にはわかっていました。そうせずに済まそうと考えるなど愚の骨頂で、NSFも最終的にはそう言いました。ずいぶんあとのことでしたが。

そしてきっと、関係者の大勢がノーベル賞のことを考えていました。いいですか？　あれはこの分野の罪悪です、有り体《てい》に言えば。ええ。重要な要素だと思います。つまり、ロン・ドレーヴァーがああも扱いづらいふるまいをする理由を一つ挙げるとしたら、これですよ。

あくまで私の考えですが。いつだったかワシントンで問い詰めてみたこともありますが、彼は絶対に本音を言わないことでしょう。ノーベル賞については、いずれＮＳＦも期待される成果の一つとしてもち出すでしょう。検出がうまくいけば新しい分野ができ、ひいては彼らがノーベル物理学賞に一役買うことになる。ですよね。これは一政府機関にとってとても大事なことです。こんな事情があったと私は思っています。

さて、どこまでお話ししましたか。そうそう、カルテクとＭＩＴを辛うじてつなぎ止めるだけの心もとない合意に達しました。実際にはカルテクとＭＩＴをではなく、ロンと私をでしたが。

それで、カルテクがすぐどうしたかというと、ＭＩＴがぐずぐずしているのを見て——その、結局、カルテクは動きたいときにさっと動けるのに、ＭＩＴは動けないんです。

結局、MITは何もしませんでした。カルテクが割り込んできてプロジェクトを実質的に引き継ぐのをこれ幸いと喜んでいたのです。私はかんかんになりました。だってそうでしょう。想像がつきますよね。上層部に対しては今でも怒りが収まりません。カルテクの人たちに対してそんな感情はもってませんよ。彼らはこの話の救世主ですから。ＭＩＴにはほとほとあきれます」

（だが後日、「当時はそのとおりでした。ですが、今は違います」と語っている。ＭＩＴにもいろいろな人がいて、一九九〇年代なかばに執行部が変わると姿勢が一変した。「それ以来、ＭＩＴはこのプロジェクトに対して非常に協力的です。とても重要なことです」）

ドレーヴァーとワイスのあいだの「緊張」

ＭＩＴとのこの大合同のなかで、ドレーヴァーのカルテクへの鞍替えは検討されなかった。ドレーヴァーは、最高の頭脳があれば科学的に通用する小型の干渉計を開発できると踏んでいた。一方のワイスは、小型の干渉計は現実的ではないとわかっていた。ドレーヴァーは頑として認めなかったが。「いずれにしろ彼は違う世界に生きてましたから」。規模に関するソーンの理解はワイスと同じだった。二人が協力することで、達成は確実なものになる。ソーンは説得にかかったが、ワイスによると、「ドレーヴァーには虎の子がありましたからね。優れた虎の子が」

ドレーヴァーはワイスについてこんな不平を漏らしている。「私たちがやろうとしていたプロジェクトに無理やり入り込もうとしているように、そして常に競争意識を燃やしているように私は感じていました……あらゆることで議論になりましたが、仕事は友好的と言える形で進めましたよ」。そしてこう反論した。「レイ・ワイスはこの件に関して、先ほども触れましたが、早くにアイデアをもっていました。彼は――私の目にはずいぶんゆっくりと――きわめて小規模に実験を進めていました。そして、進展は速くありませんでした。私がカルテクで仕事をしていたあいだ、うちのグループがそこでやっていた物事はレイ・ワイスのやっていたことより、私から見ればずいぶん先を行っており、ずいぶん速く進展しており、実質的にあらゆる面で勝《まさ》っていました。レイが注いだ労力はごくわずかでした。基本的に、彼は小型の干渉計をつくったのですが、あまりうまく機能しませんでした。思うに、それは小型だったからではなく、設計があまりよくなかったからです」（ワイスはもちろん同意しない）

ブルーブックとしてまとめられた検討結果を耳にしたとき、ドレーヴァーは「ショックを受け」、心配が大きく膨らんだ。小規模干渉計における問題が解決されていないうえ、目の玉が飛び出るほど費用のかかる巨大プロジェクトに産業界を巻き込む用意が誰にもできていないように思えたからだ。そして、ワイスがその責務を負うべきだとはまったく思っていなかった。巨大なシステムをつくるというワイスの野心的な計画にドレーヴァーは閉口した。中規模の装置を段階的に大掛かりにするという形で進めたいと思っていたのだ。だが、一足《いっそく》飛《と》びに大規模な干渉計へ移行するのが肝心だとソーンが力説した。研究開発だけを目的に中間装置を何台つくろうが、検出できるような感度はどれにも達成できず、それではどうやってもうまくいかないからだ。大勢の口に上《のぼ》るうちに定着した伝説によると、NSFがドレーヴァーに直接、〝力を合わせるか、でなければ打ち切る〟と迫った。ワイスと同様、ドレーヴァーもNSFを繰り返し訪れることになるが、NSFの姿勢は変わらなかった。次の規模拡大は検出が可能になるようなものでなければならず、これほど規模の大きなプロジェクトは、もっと大掛かりな共同事業にしないことには成功しないし、その前に予算が付かない。合同は避けられなかった。

ドレーヴァーは不快感を募らせていった。特にワイスに対して。「彼は基本的に私のアイデアには何でも反対でした。この話に無理やり割り込んできて別なやり方を試して実行したがっているような感じで……もう一つ不愉快だったのは、合同ミーティングの場で、物事を進めるための派手な計画やら何やらを日程とかも含めてぶちまけるので、私は、なんと言うか、彼が仕切ろうとしているように感じました。ですが、機能していた技術は私たちが開発したものでした。いやな気持ちでしたよ。なにしろ、もともとはどれも私のアイデアだったんですから」

だが、技術面でワイスが抱いていた自信のもとは、ドイツのグループによる例証だった。彼らのプロトタイプは世界最高で、それを彼らは隅から隅まで理解していた。そして、一九七二年のあの読みづらい進捗《しんちょく》報告書でワイスが予想していた期待性能を達成していたのである。ワイスは、ブルーブックの検討作業を正当化してくれたドイツ人たちをおおむね高く評価している。イタリアで開かれた一般相対論会議の期間中にソーンとワイスとドレーヴァーのあいだで緊迫した会話が交わされたころ、ワイス率いるMITの重力研究グループは、一部の装置やどうしても高くつく部品の設計を技術系企業に分析してもらって、実用化の検討を終えていた。干渉計のあらゆる側面が検証済みだった。パイプ、建屋《たてや》、レーザー、電源が協力企業によって徹底的にただされたのち、ワイスは三年もの長い時間をかけて、MITの同僚のピーター・ソールソンとポール・リンゼイとともに、仕様につながる成果を四一九ページのブルーブック、正式には『長基線《ちょうきせん》重力波アンテナシステムに関する検討』にまとめていたのだ。ブルーブックは一九八三年一〇月にNSFに提出された。必要最小限の機能を備えたキロメートル規模の二基に対し、一億ドルをやや下回る額が見積もられていた。この予算では装置はつくれなかった。額が一億ドル単位で少なすぎるからだ。それでも、ようやく仮定ではなく現実の話ができるようになった。

ブルーブックの概要には次のような記載がある。「本検討の肯定的な結論は予期されていたものであったかもしれない。一方で、基本概念に誤りがあった、技術が不適切だった、費用が合理性を欠いている、といった異なる結論に至る可能性もあった。だが、いずれも該当しないようである」

ブルーブックはどのような意味でも財政支援を保証するものではなかったし、そもそも実用化の検討イコール提案ではない。しかし、実験目標が達成可能であることを厳格な議論で確定させたことは事実である。

ワイスとドレーヴァーとソーンは、ブルーブック提出後の数カ月、苦労して開発計画を立て、合意した。続いて、NSF相手に見事なプレゼンを披露した。ソーンは天体物理学がいかに有望かをアピールした。ドレーヴァーは、美しい物語をつむぐ創造的な設計からもたらされる夢の数々を、耳に心地よいスコットランド訛りで語って相手を魅了した。そしてワイスが実用化を具体的に検討した結果を示してしっかり締めた。中核となる論点は伝わった。彼らはプロジェクトを進められることになった。天空の音を記録する装置をつくれることになったのだった。

LIGOの誕生――奇妙な「トロイカ」の結成

ほどなく、このプロジェクトにようやく名前が付いた。ご存じ、LIGO《ライゴ》である。この名が評価されるにしても、非難されるにしても、その責を負うのはワイスだ。ソーンは「ビームディテクター」と呼びたがった。だが、ワイスの耳にはSFじみて聞こえた。彼がキッチンテーブルで頭字語をあれこれ考えて思いついた別案が、Laser Interferometer Gravitational-wave Observatory（レーザー干渉計重力波観測所）だった。LIGOのこのOがやがて彼らに代償を払わせ、「信じがたいほどの苦痛」をもたらし、引導を渡しかけることになる。だが、そうした災難が降りかかるのは数年後、それも連邦議会でのことである。

ワイスは小型の一・五メートル干渉計をお払い箱にし、実際に用いる検出器の部品を開発すべく、五メートルプロトタイプを製作した。この装置はMITのプライウッドパレスのF翼で、建物が取り壊される週まで稼動していた。今日《こんにち》、ワイスは隣部屋でバイオニック医療の研究開発が行なわれているオフィスで、ブルックリンのパラマウントシアターにあったアルテック・ランシング社のスピーカーを見せてくれる。すっかり巨大化した装置では、科学者が寄ってたかって古いテクノロジーを切り取っては新しいテクノロジーを継ぎ足している。

正式な協定はなされなかったが、ワイスによれば、「私たち三人――キップ、ロン、私――が一つのグループだという印象を植え付ける結果となりました。私たちは［最終的に］奇妙な組織、トロイカを結成したのです」

ソーンは思わせぶりに、私にこう語った。「この話にはまだまだ続きがあってね」。そのいきさつは、詳しく語りだすとトロイカの結成後、数年にわたって強まる一方のプレッシャーが一九八三年秋にピークを迎えるところまで続くのである。「MIT＝カルテク・コラボレーションの確立はなんとも複雑でした。そして苦痛だった」――ゆくゆく歴史をつくるこうした構想や同盟や権限移譲のなかで、一つの要《かなめ》が成否を握ることになる。いずれにせよ、物事は動きだした。

8章　山頂へ

パルサーが発見されるまで

天文学者のジョスリン・ベル・バーネルはロナルド・ドレーヴァーを評して、「彼は自分の独創性を満喫していました」と言う。彼女が物理学を勉強しに北アイルランドからグラスゴーに出てきたとき、学部生時代に指導教官として付いたのがたまたまドレーヴァーだった。彼は自分が担当していた数名の学生に対し、思いついたなかでとびきりおもしろいアイデアを披露したもので、そのなかにはヒューズ＝ドレーヴァー実験につながるものもあった（彼がこの実験を田舎の実家の家庭菜園でやっていたことは彼女も知らなかった）が、どれも期末試験を乗り切る役には立たなかった。彼女は当初、彼が固体物理学の宿題を手伝うつもりがないことにいら立ちを募らせていたが、やがて基礎物理学に対する深い洞察と実験家としての特筆すべき才能を称賛するようになった。一方のドレーヴァーは、かつて担当した学部生がすぐさま重大な発見をなしたことに刺激を受けた。ドレーヴァーはベル・バーネルについて、「彼女は大半の学生より明らかに優秀でもありました……から、彼女のことはわりとよく知っていました」と言う。一九六〇年代なかばのイギリスで電波天文学の最重要施設だったのがジョドレルバンク天文台で、そこへの就職を希望した彼女のためにドレーヴァーは推薦状を書いた。だが彼によると、「ジョドレルバンクは彼女を雇おうとしませんでした。おそらく女性だったからです。もちろん、公式見解ではありませんよ。とにかく、彼女はそれはもうがっかりしていました」。そして、事態の不合理さを浮き彫りにするかのように、こう付け加えた。「次善の策はケンブリッジへ行くことでした」。彼はこの展開を実に思いがけない幸運と見ており、「こうして彼女はケンブリッジに行き、パルサーを発見したわけです」と言って笑った。

その後、ベル・バーネルはX線天文学へ鞍替えし、英米が協力して打ち上げたX線観測衛星アリエル五号の開発チームに加わった。一九七四年一〇月一五日、早朝にアリエルの打ち上げが成功し、正午にパルサーの発見（訳注　一九六七年のこと）に対するノーベル賞授与が発表された。この発表には、彼女にとってとりわけ重要な側面が二つあった。まず、天体物理学がノーベル物理学賞に値する分野だとノーベル賞委員会がようやく認めたことである。一九二〇年代にはエドウィン・ハッブルがそのことを認めるよう求める運動を展開したが、徒労に終わっていた。そしてもう一つ、彼女は受賞者に名を連ねていなかった。賞はアントニー・ヒューイッシュとマーティン・ライルに与えられていた。

二四歳のケンブリッジ大学院生だった彼女と指導教官のアントニー・ヒューイッシュは、

恒星と同じくらい小さく見える強い電波源、クエーサーを探していた。彼女が野原にアンテナを張っていた当時、クエーサーはまだ準恒星状電波天体と呼ばれており、電波源が何かは謎だった。出来上がったアンテナはクエーサーを探す役に立ち、その大きさの割り出しの役には立たなかったが、天体物理学の行く末を見事に変えた。大量のグラフ用紙に、検出されたクエーサーに混ざってグリッチや特異的なパターンがいくつも記録され、フィート単位の用紙の長さで定量化された。彼女は何百（何千？）フィート分にものぼるグラフ用紙を丹念に調べた。現れていた特異的なパターンの大半は人工の発生源、あるいは検出器で発生した何らかの干渉を示すものだった。だが、どうしてもわからない奇妙な信号が一つあった。彼女はその出どころが天体だという確信を深めていった。彼女によると、何か本当に重要なものを目にしたという認識はじわじわやってきたという。よく紹介される逸話だが、信号が規則的だったことから、発生源には内輪でＬＧＭ（little green men〔緑色の小さな人〕の頭字語）というニックネームが与えられた。その後、緑色の小さな知的な宇宙人の文明によってつくられた時計よりさらに精密な時計の存在が明らかになった。これらがパルサーと呼ばれるようになるのである。

ブラックホールが実在することの裏付けとなる

パルサーは、強力に磁化された高速回転する中性子星だ。この巨大な天文学的磁石の力は、地球の磁場より数百万倍、あるいは数兆倍、極端なものになると数千兆倍も強い。中性子星は決まって、質量は太陽の二倍未満で、差し渡しは三〇キロ未満、毎秒約一回から速いものでは何百回という速さで回っている。磁場の影響で光速近くまで加速された粒子が、放たれて灯台のようなビームをつくり、核物質が密に詰まってできたほぼ完全な球が回るのに合わせて振り回される。よく言われる例だが、中性子星スプーン一杯分には地球の山一つ分ほどの質量がある。表面では重力による引力があまりに強く、人間は間違いなく液化して、中性子星の高密度の核と一体化してしまうだろう。この強力な重力効果ゆえに、中性子星は自らの表面にでこぼこが生じるのを許さない。表面での重力による引力は、上向きのいかなる造山運動にも勝《まさ》る。典型的な中性子星の表面のでこぼこはごくわずかで、一〇センチの出っ張りでも山と言えそうだが、実際のところは中性子星の地殻に関する未知の詳細次第だ。回転は実に規則的で、延々と続くグラフに不可解な等間隔の信号をつくり出す。振り回されたビームが地球をよぎると、その効果が超精密時計の刻みとなって現れ、その精度は最も精密な原子時計より高いこともある。ただ、パルサーを初めて発見した一九六七年当時の彼女が確証をもって言えたのは、きわめて規則正しいパルス列があり、その間隔は一秒をわずかに上回る程度で、天からやってきた、ということだけだった。

これとは別のパルス列をデータから見つけたときは、「それはもういい気分」だったそうだ。これを境に、この特異的な現象が発見という様相を帯び始めた。「おかしな信号は一つ見つかるとほかにも目に付きました」。彼女が発見したのは、人類が見つけた最初のパルサー四個だった。

パルサーはその一年後に、超新星爆発で噴き出された輝く残骸の一つ、かに星雲でもその中心に見つかった。かに星雲の爆発は地球で目撃されており、一〇五四年の天文事象として歴史文献に記録されている。そんな星雲の中心で見つかるということは、中性子星とは死にゆく星が爆発したあとに残された崩壊後の核ということになる。今では銀河系に中性子星は数億個、パルサーは数十万個あると推定されている。

ヒューイッシュの場合は、ノーベル賞受賞者としての正当性をみずから擁護するまでもない。彼は指導教官として自分の学生に仕事を課したのだ――その仕事がクエーサー探しだったわけだが。理解に苦しむのは、ベル・バーネルが受賞者に名を連ねなかったことである。かつての師がもっと動くべきだったと思わなかったかと私が尋ねると、彼女はなんの恨みがましさもなくこう答えた。「賞をもらっても、受賞理由を説明するのは当人の役目ではありません」。そして、あのおかげでずいぶんいい思いをしたとも付け加えた。彼女は今なお、これまで設けられてきたその他すべてではないかと思うほどいろいろな賞、メダル、栄誉、爵位を次々授けられている。公正な埋め合わせがあったと思っているようだ。彼女は正式にはデイム・(スーザン・)ジョスリン・ベル・バーネルと呼ばれる身、すなわち大英帝国勲章のデイム・コマンダーであるほか、王立協会フェロー、エディンバラ王立協会会長、王立天文学会フェローであり、名のあるメダルの数々に、何十という名誉博士号などなどの持ち主である。

このパルサーが、理論上のある論争に決着をつけた。中性子星が灯台のように放つ信号は、天の川銀河内の数百光年離れたところで見つかっていた。〝重力崩壊の最終状態〟というホイーラーが何より重視した問いを、天文学者が半世紀にわたってあれこれ検討していたところへもたらされたのが、この節目となる発見だった。パルサーは、中性子星が実在することを示す初めての証拠だったのである。恒星が崩壊して死ぬと中性子星ができるなら、ブラックホールもできておかしくない。アインシュタインは、数学解としては興味深いが現実への適用は制限されるとして、ブラックホール（とは彼の時代にはまだ呼ばれていなかった）を却下していた。物質はそうした破滅的な崩壊に抗《あらが》うだろうというのだった。核兵器の設計者たちの見解は違った。恒星の最期に見られる暴力的なサイクルの残骸が十分重ければ、重力に抗えずに遮《さえぎ》るものなく落ちていき、中性子星の状態を一気に通り過ぎて落ち続け、あとにブラックホールを残す。そう考えていたのである。だが、膠着《こうちゃく》した論争に決着をもたらすには、明白な観測によるにしくはない。そこへ、ベル・バーネルが中性子星の証拠を発見した。そして、この発見はそれ自体が興味深いことに加えて、別の何かの裏付けにもなっていた。その何かがブラックホールだったのである（伝聞によれば、ある高名な同業者がとある会合で彼女の話を遮ると、「ミス・ベル、あなたは天文学における二〇世紀最大の発見をしました」と言い切ったという）。

パルサーによってブラックホールの信憑性が高まったかに見えたが、観測家がその後も長年にわたってデータをこつこつ蓄積してようやく、大半がその存在を受け入れるまでになった。天体物理学的に言って本物のブラックホールが一つ、はくちょう座の方角にある。はくちょう座に限らず、星座とは恒星を便宜的に仕切って分けたもので、同じ枠内でも地球からの距離が恒星どうしで数千光年違うこともある。それらを天球面に単純に投影すると、きれいに並んで見えるだけのことだ。はくちょう座の場合は、偶然そこそこ恵まれた並びだったおかげで、プトレマイオスが点を結んで〝白鳥〟を辛うじて連想させるディテールをもつパターンをつくったのだった。

ブラックホールにはそれぞれ名前が、具体的にはそれらの属する星座名からつくられた名称がある。件《くだん》のブラックホールは〝はくちょう座X－1〟と呼ばれている。そして、この覚えやすい名前はブラックホールの方角と発見にかかわった特徴を示している。天文学名は情報を提供する必要があるからだ。はくちょう座X－1のブラックホールは連星をなしており、かの死んだ星はひとりぼっちではない。生きた巨大な青い星という連れがいるのだ。この連星系は超高エネルギー光線の一種であるX線をしきりに放っている。X線のエネルギーは人体の軟組織《なんそしき》を通り抜けるほど高いが、骨を通り抜けるほどではない。なので、はくちょう座X－1からの光で骨格の写真を撮れる。

はくちょう座で一九六四年に発見されたこのブラックホールは、おそらく初めて発見されたブラックホールだ。だが、重力崩壊というとんでもない破滅の行く末がブラックホールだという説の妥当性をめぐる論争が決着を見たのは一九七〇年代のことで、少数派は一九九〇年代まで粘った。はくちょう座X－1には質量が太陽の一五倍ほどあるブラックホールがあって、そのすぐそばを巨大な青い星――青色超巨星――が回っている。青色超巨星からはぎ取られた大気がブラックホールに向かって吹き込むと、その流れが軌道を描き、ブラックホールのまわりを回る物質で薄い円盤が形づくられ、それが少しずつ事象の地平線を越えていく。ブラックホールが伴星をじわじわ呑み込んでおり、落ちていく物質がその過程で数百万度にまで熱せられるのだが、物質は熱せられると明るくなるので、ブラックホールの周囲全体が、落ちていく物質から放たれるX線で強烈に輝く。

このペアは実際には太陽系から六〇〇〇光年ほど離れているのだが、はくちょう座にあるほかの恒星の実際の位置とは物理的に何の関連もなく、先ほど触れたとおり、星々を結び付けているのは方角だけである。このブラックホールと青色超巨星は、互いのまわりを回る軌道を五日で一周する。驚くばかりだ。

慎重に過ぎる天文学者ならいまだに、はくちょう座X－1のこのコンパクト天体を〝ブラックホールだと「推定」、「主張」、ないし「予想」されている天体〟と呼ぶかもしれない。私たちにブラックホールは見えず、見ることができるのは歪《ゆが》んだ時空が物質に及ぼす効果だけだ。青色超巨星から吸い出された熱い物質からなるねっとりした円盤の中心に天体があって、あれほど重い（先ほど紹介したように、質量は太陽の少なくとも一五倍）のにあれほど小さい（差し渡し約八八キロ）ならブラックホールに違いない、と推測しているにすぎないのである。もちろん、ここまで慎重な観測家はごくわずかだが、根拠はもっともである。なにしろ私たちはブラックホールを一度も見たことがないのだから。

ヒューイッシュとベル・バーネルが調べにかかった準恒星状電波天体（のちに銀河系外の

ものとわかった折りにクエーサーと呼ばれるようになった）は、恒星のように明るく小さく見えるが、銀河面の外側に散在しており、クエーサーが実は天の川銀河に属していないことをほのめかしていた。まず、一〇億光年以上離れており、光が届くのに何十億年とかかるということは古いということだ。そしてまれな存在であり、それはつまり、今の宇宙はかつてほどたくさんクエーサーをつくっていないということである。

クエーサーは、古い銀河の核全体が発するエネルギーのほとばしりが、途方もなく離れたこの地球からでも見えるほど明るく輝く現象である。質量が太陽の数百万倍あるいは数十億倍という超大質量ブラックホール（と推定、主張、ないし予想されている天体）は、いわば銀河の流木――恒星まるごとやガスやちり、桁外れに大きな銀河核に存在するもの、一時的に集まってできた塊《かたまり》、とにかく何もかも――を引き寄せ、忘却のかなたへ落ちていくねっとりした熱いものをつくる。このねっとりしたものの回転をブラックホールが速めて光り輝くジェットをつくり、外側へ何百万光年も先まで噴き出して宇宙規模ののろしをあげる。それを人類が初めて目にしたのは一九六〇年代のことだが、そんなことができるのはいったいどんなものか、まったく見当が付いていなかった。

クエーサーは活動銀河核の一種で、どの活動銀河核もその原動力は超巨大質量ブラックホールである。太陽数十億個分の質量が太陽系ほどの範囲に集中している活動銀河核は言ってみれば重い錨《いかり》で、物質がぎっしり詰まった高密度の芯を成長させている。銀河核のまわりには、小ぶりのブラックホールや死んだ星や生きた星が何万個と回っているのかもしれない。

超巨大質量ブラックホールのおおもとは死んだ星でできた種《たね》、すなわち衝突・合体を経て成長して銀河の巨大な核になった恒星質量ブラックホールなのかもしれない。

なぜ「暗黒」に注目するのか？

この宇宙について、その実際の景色や住人、歴史や形態の詳細について、人類が学んできたことはほとんどすべて、宇宙の始まり近くから今日《こんにち》に至るまでに起こった発光現象からの光を集める――必ずと言っていいほど光だが、素粒子のこともある――観測天文学者や実験物理学者によってもたらされてきた。科学者は光の色、強さ、方角、変動という形でかすかに載っている情報をスペクトル全体にわたって解読して、全方角に四五〇億光年を超える広がりをもち、時間を一四〇億光年近く前までさかのぼれる、宇宙の詳しい地図を再構築しようとしている。人類の目が届く途方もなく広い範囲のなかで私好みの探求先は、まったくの暗闇《くらやみ》、何もないところ、虚空、すなわち無の、からっぽの、純粋に時空だけの広大な領域だ。

ブラックホールは暗い。それがブラックホールの本質であり、名前の由来となった何よりの特徴である。背景が暗い空なら暗闇で、明るい空なら影。望遠鏡でブラックホールそのものが見つかったことはない。太陽系外に関するほぼすべての情報の運び手は光なので、裸のブラックホール――すっかり孤立しており、粉々にするものが何もない――が闇に紛れていると事実上観測できないが、まったくできないわけでもない。

ブラックホールが傍《かたわ》らの恒星を破壊しているという証拠は光で見えている。銀河の中心に超大質量ブラックホールがあるという証拠も見えており、その位置も、真っ暗なだけできらびやかなところは何もないが、そのまわりを回る恒星の動きをもとに明らかにされている。ブラックホールが噴き出したジェットが数百万光年先まで延びているという証拠も、観測可能な宇宙で最も遠い部類の銀河に見えている。だが、人類がブラックホールを本当の意味で見たことは一度もなく、だからこそ直接音として聞ける可能性にいっそうわくわくさせられるのだ。

この宇宙のどこかには、決して見ることのかなわないブラックホールがあるに違いない。それは孤立している、あるいは別のブラックホールのまわりを回っている。落ち込んでいく物質は何もない。なので、それなりに近くでそれなりに明るく輝くものは何もない。人類がその影を捉えることは、少なくとも今のところは不可能だ。だが、ブラックホールが衝突したなら、それによって時空が鳴り響き、時空の歪みとして宇宙を光速で伝わってきた波の音を聞けるかもしれない。重力波の観測施設が出来上がり、雑音のなかから衝突の残響をわずかでも識別できれば、崩壊目前の恒星が最後の数秒に爆発している音を記録できる。中性子星の回転に合わせてその出っ張りが時空をこする音を記録できる。中性子星どうしが衝突して、ことによるとブラックホールを形成する音を記録できる。ブラックホールどうしが衝突してもっと重い沈黙のブラックホールができ、出力が一〇億の一兆倍の一兆倍の一兆倍ワットというエネルギーを重力波として放つ音を記録できる。

成し遂げられた重力波の「間接的検出」

自称「重力放射信者」の一人だったベル・バーネルは、ハルス＝テイラー・パルサーの発見にすっかり夢中になった。その名の由来となったラッセル・アラン・ハルスとジョセフ・フートン・テイラー・ジュニアには、推論によって間接的にではあったが重力波の存在を確認した観測に対し、一九九三年にノーベル物理学賞が授けられている。ハルスとテイラーは数年にわたり、PSR B1913＋16としてカタログに載っている連星系の軌道周回を綿密に観測した（PSR＝パルサー。続く数字は赤経と赤緯で、天球上での位置を表している）。二人はある死んだコンパクト星、すなわち二万一〇〇〇光年離れたところで電波のパルスを地球へ毎秒一七回送っているある中性子星に注目した。この中性子星はいわば巨大な磁石で、何らかの仕組みで放射を細いビームに絞り、星が灯台のように回転するのに合わせてビームを振り回している。つまりパルサーだ。このパルスに見られる変化を綿密に測定した二人は、このパルサーが目立たないもう一つの中性子星のまわりを七・七五時間周期で回っていると推定した。これだけでも十分驚くに値するのだが、二人はさらに、パルサーの軌道がごくわずかに縮んで、一周にかかる時間が毎年七六・五マイクロ秒ずつ短くなっていることを観測で明らかにし、その分のエネルギーは周回運動から失われているに違いないと考えた。

このエネルギー損失分が、アインシュタインの重力理論、すなわち一般相対性理論による予想とぴったり一致した。互いのまわりを回っている中性子星が周囲の時空の歪みを引きずり、エネルギーが時空幾何学的な波へと渡っているのだ。もう少し平たく言えば、失われたエネルギーは運び出されて重力波に、時空の音になっているのである。この幸運な観測では理論と実験が見事にかみ合った。

このペアは三億年ほどでそれなりのエネルギーを重力波として失い、互いへと落ち込んで衝突する。その最期の数時間に起こる現象を原理上はＬＩＧＯのような観測施設で検出できるはずだが、それは人類がそのころまで生き延びて地上型の天文観測施設を相変わらず運用していればの話で、どう考えてもありえない。そしてその時が来るまでのあいだ、最期の数時間を迎える前であれば、発せられる重力波はあまりに弱くて地球上では測定できない。科学者たちにハルス＝テイラー・パルサーの音を聞こうなどという野望はない。彼らが探しているのは似たようなほかの連星、具体的には衝突中の中性子星とブラックホールという、その生涯の最期の数分を共にしているペアであり、それであれば衝突音が十分大きいことから、数億光年以上離れた地球上の装置でその音を拾える。銀河系内の中性子星なら見えるが、中性子星はそもそも暗すぎて、遠く離れたものになると観測できない。そこへいくと、ハルス＝テイラー・パルサーまではわずか二万一〇〇〇光年で、われらが天の川銀河の範囲内だ。ということで、集光型望遠鏡を使うなら、たいていのコンパクト連星は衝突するまで写真に撮れない。先に音を聞かなければならないことになる。

ハルス＝テイラー・パルサーからの重力波がエネルギーを運び去っているのが直接見えた、とは言えない。軌道が徐々に縮むという予想をあまりにうまく説明できるので、素直に考えればそのエネルギーは重力波が運び去っているはず、というだけのことだ。それにしても、おそらくそのとおりだろう。見込みはかなり高い。大金を賭けていいほどに。

9章　ウェーバーとトリンブル

ウェーバー、ソーンに自分語りをする

ジョセフ・ウェーバーが森の中の施設を一人で自腹で運営していたころ、その彼をかつて支援していた国立科学財団からLIGOが巨額の支援を取り付けていた。ウェーバーが自分の共鳴棒型装置を日曜大工で維持していたのに対し、カルテクとMITはベースキャンプを張り、基本装置を組み立て、長期戦略を立てていた。ウェーバーはデータを集めて二〇年めを迎えていた——彼の業績がいかにさげすまれていたかという証《あかし》だ——が、金属製キャビネットの上に広げられた雑誌記事は実験の新時代の到来を高らかに謳《うた》っており、そこに彼はまったく絡んでいなかった。

ソーンはウェーバーのことを一九六〇年代なかばから、すなわち論争を巻き起こしたあの結果が発表される前から知っていた。ジョン・ホイーラーがウェーバーに興味をもっており、それがきっかけでソーンも知ったのだった。ウェーバーはまだ気難しくはなかった。二人は

アルプスを一緒にハイキングしたこともある。友人どうしと言えなくもなかった。

私はソーンに尋ねた。「彼は論争好きでしたか？」

ソーンは笑った。「いやいや、誰も彼と論争してませんでしたから」

「録音の彼の口調からは嫉妬のようなものを感じたのですが」

「そうそう、ずいぶん嫉妬してました。厄介だった、本当に」

「そうした被害妄想とそもそもの不満が折り重なってたんですね」

「この手の話はそうなるものですよ。みんなごっちゃになる」

ウェーバーのオフィスでの会話をソーンが録音した一九八二年の時点で、ウェーバーはカルテクが干渉計という別な技術で事を進めていたのを知っていたに違いない。彼はまたもや先んじられることになるのだ。ソーンはこう言っていた。「なんとも悲しい話ですが、ジョーはその業績ゆえに大変尊敬されていたのに、どうやら本人はそれをまったく知りませんでした」

私はソーンと会う前に、彼が行なったインタビューをカルテクのアーカイブズで聞いておいた。アーカイブズは妙に堂々とした建物の、実験室が大半を占める地下階という似合わない場所にある。テープレコーダーの再生ボタンを押すと、パチパチという音がして、すぐにヒスノイズに変わる。収録の場はおそらくメリーランド大学のウェーバーのオフィスだ。新聞記事で〝うずたかく積まれた紙の迷宮〟などと形容されるようなオフィスだったに違いない。古くなって劣化した内装に、よくある金属製ファイルキャビネットと反り返った紙の山。

そんな室内のようすが目に浮かぶ。ウェーバーの声に意識を集中させる。ウェーバーがオフィスの中を歩き回っているようにも、そうでないようにも聞こえる。彼は兄と二人の姉という四人きょうだいの末っ子で、インタビュー当日の一九八二年七月二〇日は兄の誕生日だった。対談は概して当たり障りのない話題から入るものだが、この二人もそうした段取りを踏んでから本題に入っている。

ウェーバーがみずからの科学者人生を語っていく。そのようすはまるで、犯罪の取り調べに臨んでいる無実の男が、まったく同じ取り調べを何度も受けて疲れ切っており、容疑がかかったいきさつについて目の前の相手に話して聞かせた、あるいは独り言で数え切れないほど口にしてきた内容を、ただ機械的に繰り返しているかのようである。ときどき、現状とのつながりの説明が差し挟まれる。ソーンが、長いことかけて蓄積されてきたウェーバー側の証拠を受け取っている。自分が挙げてもいない罪状に対してウェーバーがみずからを弁護するために集めてきた証拠を。一時間近くかけて、日付、計画書からの引用、一部の文献、具体的な技術の詳細について、その検証結果を、いわばウェーバー事件の補強証拠を受理している。二人で文書をあちこち探し回ることもあり、録音は数回止められては再開されている。

ソーンがおそるおそる、自分の科学者人生の間に最も物議を醸《かも》した人物に質問をする。

「先ほどのお話では、重力波の研究に乗り出した理由の一つはそれが論争のない分野だったからということでしたが……」。もしかするとこの件は、失意という損なわれた深層心理に覆いかぶさった憎悪の感情を掘り返すのかもしれない。失意のうちに、ウェーバーの意気は消沈した。だが、今彼は攻撃性を刺激されている。

ウェーバーはこう語る。「《サイエンス》誌一九八一年五月一五日号のあるページがまるまる、私に対する非難と、ガーウィンのほうがはるかに優れた、はるかに偉大な科学者であることの立証に費やされていました。彼が重力放射に関して優れた仕事をしたのは確かですが、その彼が、私がそれまでしてきたことをすべてこきおろしました……大事なのは、私が今やっている物理学がこの人生を通じて一番わくわくさせられる物理学だということです……公言はしていませんがね、まずは誹謗中傷から身を守りたいので……もっと言うと、コンドルを引き付けておくのに、赤身の肉を相手の目の前にぶら下げて、それを落として、一目散に逃げてほかの分野ないし試みに取り掛かるようなものと考えていますが、あれは……あれは……とにかく不愉快で、私が健康を害することはありませんでしたが、とても残念なことです。私の家族にはこたえたようで、実に不当だと思います」

ウェーバーがその記事をかかりつけの弁護士に見せたところ、訴えることを勧められた。名誉毀損で一〇〇〇万ドルの賠償金を取れそうだと言われたが、少なくとも五年は裁判にかかりっきりになるらしく、それだけの時間を裁判所で過ごすつもりはウェーバーにはなかった。「人生で何をしたいかという問題です」

「身を引け」と勧めたフリーマン・ダイソン

話は続く。「ここの学科長が二週間で引き払えと通告してきたことがありました。それから、ディック・ガーウィンがカリフォルニア大学当局に手紙を書いてまして」――ウェーバーは教授だった妻のトリンブルのそばに居られるようにと、カリフォルニア大学アーヴァイン校で非常勤の職をもっていた――「解雇予告が出て首になるかもしれないとカリフォルニア大学の副総長から言われたこともありました。副総長はあの手紙を持っていて、私は解雇予告に基づいて首になったかもしれないのです。結局は、どちらからも放り出されませんでした。ですが、なんてこった、ですよね。

ああいう激情や同業者の嫉妬が、彼らがヴェニスの商人よろしくこの肉一ポンドを切らなければ気が済まなくなる理由が、私にはまったく理解できません。なにしろ労力のムダでしょう。私は元気です。ボルツマンはこの手の仕打ちを受けて自殺しました。ですがとにかく私は、私には自殺傾向はなくて、なんと言うか、その、今でも何が狙いだったのかはかりかねてます」

ソーン　「ジョー、私はこの件の過去に関して事実を明らかにしよう、自分の役割を果たそうと本気で取り組んでいますし、これまでもそうしてきました」「ウェーバーが一言遮《さえぎ》ったが、それが拒絶だったのか謝意だったのかはわからない」。私はあなたの貢献に心からの敬意を表します……この分野を立ち上げたこと、それも誰もが今でも進んでいる方向へ立ち上げたことを。この事実が雄弁に物語っています」

ウェーバー　「それでも、人はたまに腕まくりをして立ち上がって自分の存在を認めてもらわなければならないものです……当局はおそらく私の首を切ったりしないでしょう……人が科学をやるなら、その理由はなんと言っても自分が楽しいからであって、楽しくないならやるべきではなく、私にとって科学は楽しいものです。現に、今も楽しんでますし」

ソーン「その哲学にはもろ手を挙げて賛成です」

ウェーバー「それが最善ですよ」

不平を訴えたあとのウェーバーは口調が明るくなり、ソーンに実験室を見せて回ることを申し出ると、その場にあるものを挙げ始めている。「まあとにかく、よろしければひと通りお見せしますよ。ここにあるものをご説明しましょう。完全に機能する……」

テープが終わる。この時代遅れの利器を時代遅れのケースに戻し、アーカイブズの司書に返す。木目調の部屋を出て、迷路のように並ぶ実験室の合間を縫う刺激臭漂う廊下を抜け、ピカピカに磨かれたエレベーターに乗って地下から上がる。そしてパサデナらしい陽気の屋外へ出て、ソーンに会いに約束の場所へ向かったのだった。

私は別れ際にソーンに尋ねた。「フリーマン・ダイソンからの手紙はご存じですか？」

「手紙？」

「あれはひどいです。フリーマンはジョーを励ました責任を感じて、身を引くよう懇願する手紙を書いています」

ソーンは笑ったが、見るからに驚いていた。「そりゃまた、彼はきっとかなり……なんと言うか……かなり楽観的な人だったわけだ」

それがこの手紙である。

親愛なるジョー

われわれの期待が打ち砕かれていくのを、私は恐怖と苦悶をもって注視してきました。そして、以前君に「あえて危険に身をさらす」よう助言したことに途方もなく大きな個人的責任を感じています。今でも君のことは運命に冷遇されている偉大な人物だと見なしていますし、救えるものは何でも救いたいと切に思っています。そこで、どれほど役に立つかわかりませんが、もう一度助言させてください。

偉大な人物は、自分が間違っていたので考えを改める、と公《おおやけ》に認めることを厭《いと》いません。君が実直な人物であることは承知しています。君には自分の間違いを認められるだけの強さがあります。認めれば敵は喜ぶでしょうが、友はそれ以上に喜ぶでしょう。君は科学者としての自分を救うことになり、この人から尊敬されたらうれしいという人たちから、誤ちを認めたことに対して敬意が表されるでしょう。

この手紙は手短に済ませます。長々と説明するほど言いたいことがはっきり伝わるというものでもありませんから。君がどんな決断をしようとも、私は君に背を向けるつもりはありません。

心からの敬意をもって、

常に君の親友たる

フリーマン

［一九七五年六月五日］

ウェーバーと連れ添った女性

　二〇〇〇年の冬、ウェーバーはメリーランドの重力波実験室棟の前で、氷に足を滑らせた。自分がいないと無人という観測所を維持するため、ウェーバーは八一歳にしてやるものではない肉体労働を定期的にやっていた。車は丘のてっぺんに停めていた。帰りにまた上って越えるのは無理だと判断し、あとは歩くことにしたからだった。その二日後に発見されたとき、骨が数本折れて胸部に入り込んでおり、前々から患《わずら》っていたリンパ腫が居着くこととなった。骨も肺も完治しなかった。八ヵ月後の九月三〇日の夜中、妻のヴァージニア・トリンブルに病院から電話がかかってきた。彼女は死亡記事を書き上げ、その日の午前中だった《アメリカ天文学会報》の原稿締め切りにぎりぎり間に合わせた。

　トリンブルは夫が亡くなるずいぶん前から、夫の業績の擁護にエネルギーを費やさないことにしていた。「科学は自己修正力のあるプロセスですからね。そのプロセスが当事者の生前に働くとは限りませんが」。当然のことのようにそう言う彼女と、私はカリフォルニア大学アーヴァイン校のコンピュータールームで会った。今の彼女の、そして当時の彼の見解は次のようなものである。すなわち、ウェーバーは何かを検出した。それが本当に重力波だったかどうかは不明だ。あの論争全体を通じた不備は、彼の装置の「コピー」と言える完璧なレプリカが同時に稼動していたという状況が一度も実現されておらず、同じ土俵で意味のある比較がなされていないことにある。

「自分のしたことを本当に再現した人は誰もいないので、確認できなかったという主張が非の打ち所なく正当だとは言えない、というのがジョー本人の見方でした。一番よくまねた二つのグループ――日本のグループと、故エドアルド・アマルディ率いるローマのグループ――はメリーランドと同じような事象を実際に記録していました。それに、SN1987A［肉眼でも見えたほど近くで起こった一九八七年の超新星爆発］のときにローマとメリーランドで観測された同時発生データを報告した論文が数篇出ています。初めのころ、一九七一年七月のコペンハーゲンの会議より前ですが、ウラジーミル・ブラギンスキーが結果を確認したことを知らせる葉書をジョー宛てに送ってきました。ブラギンスキーは出国ビザが取れずにコペンハーゲンには来ませんでした。ともあれ、あれは〝実験を再現した〟という意味だった可能性はあります。ご存じのように、ブラギンスキーはとにかくあとで態度を変えましたから。私は二〇一二年一二月にサンパウロで開かれた前回のテキサスシンポジウムで講演したとき、この葉書を見せようとしたのですが、上下逆さまで裏返しに映し出されてしまいました」

そう言ってトリンブルが指さしたオリジナルのスキャン画像は、年末年始にふさわしい明るい雰囲気のグリーティングカードで、切手がコラージュのように貼られた宛名面にブラギンスキーがこう書いている。

親愛なるウェーバー教授

よいお年をお迎えください。デンマークでお会いしてあなたの実験を確認したことをお伝えできるよう願っております。

敬具

カードは「ブラギンスキー」と手書きで署名されているように見える。トリンブルも認めているが、「あなたの実験を確認した」は確かに〝あなたの実験を再現した〟という意味の可能性大だ（ブラギンスキーはほどなく否定的な結果を発表し、それがウェーバーとの「きわめて激しい論戦」のきっかけとなる）。カードの年号が読み取れなかったのだが、トリンブルがデンマークの会議を踏まえて教えてくれた。「一九七一年ですね。その頃の私はまだどちらにも会っていません」

正確な事実関係をお伝えしておくと、ソーンはこの会議にブラギンスキーが出席していたことを鮮明に覚えており、出国ビザは取れていたと主張している。ソ連陣営を批判するような演説を受けてソ連からの出席者が講堂から一斉に出ていく事態に発展した激論さえ見られた。ソーンの懇願に応え、ブラギンスキーが戻って融和を図る演説を行なったが、ブラギンスキーはのちにこのことを糾弾されている。

ウェーバーとトリンブルのロマンス

妻は夫をウェーバーと呼び、夫は妻をトリンブルと呼んだ。二人は週末を三度共にするうちに盛り上がり、一九七二年三月に結婚した。「ウェーバーは何の躊躇《ちゅうちょ》もなく決断しました」と彼女は笑った。二三歳年上のウェーバーはトリンブルに、自分のしたいこと、する必要のあることをしろと口癖のように言っていた。長いこと仕事を休んで四人の男の子を育てた、物理学者の最初の妻アニタのこともあってか（訳注　先立たれていた）、ウェーバーはトリンブルの仕事にも、自立にも、IQにも何の留保も設けなかった（ちなみに、彼女のIQはとんでもなく高い。今となってはレトロな表紙の《ライフ》誌のある号に、「愛らしい顔の裏にIQ一八〇」という記事があり、一八歳で天文学専攻の彼女が、デートした男の子を三分類した発言が引用されている。「私より頭のいい男子、一人か二人いました。自分は私より頭がいいと思っている男子――ほんとうにたくさん。そして、そんなことを気にしない男子」）。

ある男性との関係が悪化してがっかりしていた彼女は、次に求婚してきた男性と結婚すると心に決めた。実は、前の求婚者に割って入るチャンスを与えている。彼女はその男性に手紙を書き、「私はジョー・ウェーバーと結婚するつもりです。止めたいなら、カリフォルニアに連絡をください」と伝えた。ところが、彼女は相手がプリンストンへ帰ったあとだったのを知らなかった。これまたがっかりさせられる話で、なぜなら移動の予定を互いに教えることになっていたからだ。相手がこの手紙を受け取ることはなかった。というか、少なくとも彼女はそう願っている。その相手と今でも交友はあるが、彼女に問いただす勇気はない。

彼女は心に決めたとおりウェーバーと結婚した。「私たちは二人とも最高の条件に恵まれたと感じていました。早起きとしっかりした朝食の利点など、いろいろなことで意見が合いました。それに、トロフィーワイフ（訳注　社会的地位の高い男性の若くて美人の妻）を連れてレストランに現れた男性は、必ず席に案内されるものです」

ある晩、ウェーバーがろうそくとマッチを出しておいて、それが何のためのものかを相手が知っているかとようすをうかがったところ、トリンブルはウェーバーの知らない韻律で追悼の祈り《カディッシュ》を歌いだした。実は律法学者《ラビ》の面談を受け、何人かの女性と沐浴《ミクヴェ》だかなんだかをし（しきたりに疎《うと》い私は話についていけなかった）、口頭試問に合格して、ユダヤ教徒になっていたのである。ウェーバーもトリンブルも無神論者であることを公言していたが、ウェーバーは自分がよきユダヤ人と結婚したことを二人の姉に喜んで報告していた。本当の意味での信仰心からではないが、トリンブルは今でもしきたりを守っており、私たちが話をした日も、楽しみにしているというシナゴーグでの歌う結婚式について詳しく説明してくれた。

二人とも、生計を立てることに対して強迫観念のようなものをもっていた。大工だったウェーバーの父親はよき労働組合員で、労組のない仕事を考えようとしなかった（訳注　アメリカの労組は産業別が一般的）。ウェーバー一家は、家具が芝生の上に放り出されているのを見て、家のローンが返済不能になったことを知った。トリンブルは、帰宅したとき彼女の父親の車が車回しにあると、父親がまた首になったとわかった。「父は化学者としてはかなり優秀でしたが、ビジネスマンとしては全然でした」

そんな彼女が、「障壁は私の目の前で崩れ去っていきました」と言っていた。まず、カルテクへの入学がすんなり認められたのは、ウッドロー・ウィルソン財団という私設財団からの学資のおかげだと彼女は言う。指導教官だった有名な天文学者ジョージ・エイベルによって、かねてから文系向けだった奨学金の候補に推され、理系の学生だったのにヒエログリフと考古学の知識で抜きんでた。カルテク在学中、リチャード・ファインマンが出ていた美術館主催のデッサンクラスで（ヌード？）モデルを務めたこともある。ナレーションやCMに出演して小銭を稼いでもいたそうだ。「ミス・トワイライトゾーン」に選ばれ、視聴率アップのキャンペーンでニールセンが調査を行なっていた全都市を回ったこともある。そして、彼女は優れた天文学者だった。女性はパロマー山での観測を許されていなかったが、ヴェラ・ルービン（訳注 アメリカの天文学者。ダークマターの提唱者として著名）がトリンブルの一年前にこの壁を壊していた。また一つ壁が崩れたおかげで、トリンブルはパロマー天文台で観測を行なうことができた。その三年め、ねばり強さ――未婚という事実によりなおさらそう思われていたのではと彼女は踏んでいる――が評価されて、国立科学財団から研究奨励金が与えられた。カルテクに入学したとき、彼女は上機嫌だった。「『かわいい男の子がいっぱい』と思いました」。そして七〇代の今、コーラルピンクの服を着て、靴と口紅の色をそれに合わせ、月の形のイヤリングを付け、動物の顔をかたどった金の指輪をはめ、まぶしいほどの笑顔を見せる。その顔は今も愛らしい。そしてIQは今も一八〇だ。

「実は、私たちはアスペルガー気味、二人ともちょっと変だと思いますよ」と彼女は驚くほどあっけらかんと言う。「彼はよくこう言いました。『わが身に起こった最高の出来事は、ヴァージニアと結婚したこと』。私は彼には遠慮なく助けを求めることができました。この前の九月に転んで腰の骨を折ったときは、発見されるまで自宅の床の上で四日間、歌を歌ったり詩をそらんじたりして過ごしました。ジョーが氷の上で過ごした二日間のことは考えたくありませんでした。寒いのは大嫌いですから。ですが『ジョーがここにいたらあんなことは起こらなかった』とは思いました」

「ジョーが一度でもLIGOコラボレーションへの参加を考えたことはありましたか？」

「要請されませんでしたし、要請されたならどんな答えを返したかもわかりません」

「LIGOが資金を獲得できたと聞いていら立ってませんでしたか？」

「いら立ってはいませんでしたが、当てつけだと思っていました。彼は日ごろからかなり陽気な人でした。見るからにそうでなかったなら、彼とは結婚していません。下で働いた人たちは彼がとても魅力的な人物だと思っていました。秘書たちにはずいぶん好かれていましたよ。

彼は自分の不快な体験に逸話を添えるようにしていました。第二次大戦中に一番死に近づいたのは沈没する空母から生還したときだった、岸にいた一匹の猿が彼めがけてココヤシの実をいくつも投げてきたんだ、って。

彼はよく自分は主な実験分野を三つ立ち上げたと言っていました。量子エレクトロニクス、重力放射、そしてコヒーレントニュートリノの検出です」（実際のところを言わせてもらうと、量子エレクトロニクスは誰もが認める文句なしに重要な科学分野で、その貢献者に関するノーベル賞委員会の審査いかんでは、彼も受賞者に名を連ねた可能性もあった。二番めについてはいまだに論争が続いており、三番めについては論争にさえならないだろう)。そして、ウェーバーの実績として最も記憶にとどめられるべきという点で文句なしの主張を付け加えた。「ウェーバーの目標はアインシュタイン方程式を実験室に持ち込むことでした。これについては成功したと彼は思ってましたし、私も公正に言ってそう思います」

10章　LHO

黒魔術の心得

二〇〇〇年ごろにつくられた第一世代のLIGO検出器では、宇宙の音はまったく聞こえなかった。宇宙の音を聞くという偉業が技術的に可能であることは証明できたが、現実として最初の検出を達成するには感度が足りなかった。あるいは、そもそも聞くべき音が存在しないのかもしれない。私たちは疑念を棚上げにした。私たちはもう山の頂《いただき》に立っている――地球の表面に設けた検出器を山頂と見なすならば。しかし山頂とはまた、将来のいつか、改良された検出器がその役目を果たす瞬間でもある。この頂へ向かう途上で、私たちはウェーバーを失い、ロン・ドレーヴァーも失ったに等しい。それでもなお、頂上を目指す者は増えていく。落伍者には目もくれず、ほかの者がその穴を埋めて、山登りは続く。探索が止むことはない。山を登る者たちは歩みを速め、衝突の音をとらえようと突き進んでいく。

ワシントン州南東部の人里離れた国有地の一角に、LHO（LIGOハンフォード観測

図７　LIGO ハンフォード観測所（LHO）。Courtesy Caltech/MIT/LIGO Laboratory

所）と呼ばれるＬＩＧＯの施設がある。ワシントン州南東部といえば、世界初の原子炉が建設されたハンフォードサイトもここにある。その原子炉を考案したジョン・ホイーラーは、第二次世界大戦が終わるまでの一年間をこの地で過ごした。プルトニウム精製施設では、飛行機から市街に投下された二つめにして最後（今までのところ）の原子爆弾〝ファットマン〟で使う放射性プルトニウムが抽出された。かつてこのあたりには人家が点在していたが、一九四三年に機密扱いのマンハッタン計画の一部がここで進められることになり、旧陸軍省がただちにおよそ一五〇〇平方キロメートルの範囲内から住民を転出させた（追い出した）ため、周辺は文字どおり辺鄙《へんぴ》な土地となった。冷戦の時代には、威嚇兵器の備蓄を増強する目的で核施設の拡充が促進された。一九八〇年代終盤以降、それまで核製造施設だったハンフォードサイトが除染活動の現場となった。厄介な核廃棄物をなんとかしなくてはいけないのだ。その際には、近くを流れるコロンビア川に汚染物質が流入しないようにすることが求められる。

そんなわけで、砂漠に似て非なるこの地域に、利用に適さず実際に利用されず、人気《ひとけ》のない土地が出現した。正確には灌木《かんぼく》ステップと呼ばれる種類の土地で、降雨は少ないが、本物の砂漠よりは地面を覆う植物が多い。多年生の灌木が条《すじ》状に並ぶ風景は、きちんと区画されていない畑、あるいは乱雑に手織りした布地といった印象を与える。土地は平坦で、地平線の向こうから反応炉が姿を現すまでは、景色に変化を与えるものがほとんどない。反応炉の上空では吐き出された煙――原爆のキノコ雲の仲間だが危険ではない――が冷えて綿雲《わたぐも》のようになり、漫画の登場人物のようなポーズをとる雲の輪郭をにじませている。

ここから数キロメートル離れたところに、LIGOの施設を構成する小さな建物がいくつかある。それらの建物は新しく、平べったくて白色に近い。LIGO側から見て視界の端に建つ、ずんぐりした反応炉と建築上のコントラストをなしている。敷地は手入れが行き届き、きちんと刈られて青々とした低木が生えているが、よそから運び込まれた玉砂利の敷かれた地面にぽつぽつと植わっているだけなので、ていねいにつくられた未完成のジオラマのような印象を与える。わざと人工的にしているようにも見える。

制御室で毎朝八時半に始まるミーティングに遅れないようにと、私は早めに到着する。LHOで改良型《アドバンスト》LIGOの設置責任者を務めるマイケル・ランドリーが気楽なようすで、部屋のあちこちから発表される現状報告を聞く。二〇人ほどの出席者が、テーブルや椅子に囲まれている。椅子の数は、縦二列、横三列に並んだコンピューターモニターよりやや少ない。巨大なエクササイズボールに載って跳ねている男性が一人。ミーティングは手際よく、てきぱきと進む。最後にランドリーが発言する。「では、本日も安全に留意して職務にあたること。以上」。この言葉にうそはないが、ルーティーンなもの言いにも聞こえる。

通常の勤務時間中、制御室では人が行き交う。医師の手術着のようなものを着た人たちが、ラボに出入りする。ただし服の青色は手術着よりも濃いようだ。この作業着の着用は、汚染物質に対する防護策として新たに設けられた規則だ。病院のたとえに大した意味はないのでこだわるつもりはないが、モニター画面が一つの壁に六個、反対側の壁に七個あって、検出器に関するさまざまな数値が表示され、危険が発生した場合にアラームが鳴る点は病院と似ている。検出器全体のさまざまな箇所に多数のカメラやセンサーが設置されている。制御室から人の姿が消えることは決してない。オペレーターが八時間交替の二四時間体制で勤務している。装置をフルに稼動させてデータを記録する「科学運用」の期間中、装置はロック状態を保たなくてはならない。つまり、鏡どうしの距離を所定値付近のごく限られた範囲に保持するのだ。室温を一定に保つサーモスタットと同じように、複雑なフィードバックループによって、鏡が移動するともとの位置に戻るように調節がなされる。装置はこのロック状態周辺の微妙なずれを測定し、鏡の位置を回復する試みを把握する。装置がロック状態から外れるとアラームが鳴り、スクリーンが黄色や赤に点滅する。たまに誰かがふざけてアラームを別の音に変えたりする。

　制御室が半自動化されていることを話題にすると、誰もが意味ありげな笑みを見せる。制御室のオペレーターは、制御室が黒魔術《ブラックアート》みたいなものだと打ち明ける。単に映りの不安定なテレビを直そうとして側面を叩くような話ではない。もっと陰りを帯び、謎めいている。ブ、、、、、、ラックアート。たくさんの人が、歌うような口調で私にこの言葉を聞かせる。そのときには視線を合わせようとせず、代わりに例の笑みを浮かべる。悪気はないのだろう。私を脅かさないように、大変な部分に注意を向けさせないようにしているのだ。装置を常に稼動させておく方法は、必ずしも明快ではない。グラフィカルユーザーインターフェイス（ＧＵＩ）による装置の制御を習得するには何カ月もかかる。改良型《アドバンスト》ＬＩＧＯが完成したら、読み出しチャンネルは二〇万個にまで膨れ上がり、制御ループは三五〇個に達する。いったいどんなことになるのか。すべてをきちんと制御して、光路にレーザーを走らせ続けることができる人なんているのか？

世界最大の真空チャンバー

　風が強いときや、ハンフォードサイト周辺の道路をたくさんのダンプカーが通行しているときには、装置はロック状態をまったく回復できないかもしれない。夜のほうがロック状態を維持しやすい。私は地元で雇われたオペレーター（通常、研究者がこの仕事に就《つ》くことはない）数人と話をしたが、彼らのようすから察するに、夜はあらゆる点でなかなか愉快な時間らしい。一〇〇人が入れるほど広い制御室からほかの人の姿が消え、彼らだけになるのだ。

二〇人ほどが制御室を動き回っている。濃青色の作業着を着て、考え込みながら、あるいは自分を罰するかのように、レンチやドライバーで自分の頭を叩いている。やはり彼らは医師のように見える。特に、たくさんのオペレーターがモニターに表示された情報を検討して装置の微妙な状態について議論しているところは、患者の容態を話しあう医師たちにそっくりだ。

辺鄙な場所で、どちらかというと地味な任務に携《たずさ》わっていることにより、仲間意識が強まっているのは間違いない。オペレーターたちは開いたドアに背を向けて、診断用スクリーンや妙に大きなデジタル時計に向き合う。時計の一つは地元の時刻、もう一つはグリニッジ標準時を表示している。デスクの周囲でジョークが行き交い、質問が飛び、答えられる人が答える。「defunct（機能停止）のスペルはcとkどっちだったっけ?」という声に、私は制御室を出てラボへ向かいながら「c」と大声で答える。

制御室の壁の反対側には、LVEA（レーザーおよび真空装置エリア）と呼ばれるラボ建《たて》屋《や》がある。カルテクの〈四〇メートル〉プロトタイプはトレーラーに隠れているが、こちらのフルスケールの検出器は建物には収まらない。LVEAは床面積がおよそ三〇〇〇平方メートルで、干渉計の交差部だけを格納している。壁のすぐ向こうでは、直径一・二メートル、長さ四キロメートルのビームパイプ二本がラボを突っ切って、アメリカ北西部地方の灌木ステップの中へ延びている。ステンレス鋼製のパイプは厚みが三ミリメートルしかない（構造を保持する補強リングが設置されている）。ロール状のステンレス鋼板を広げてから円筒形

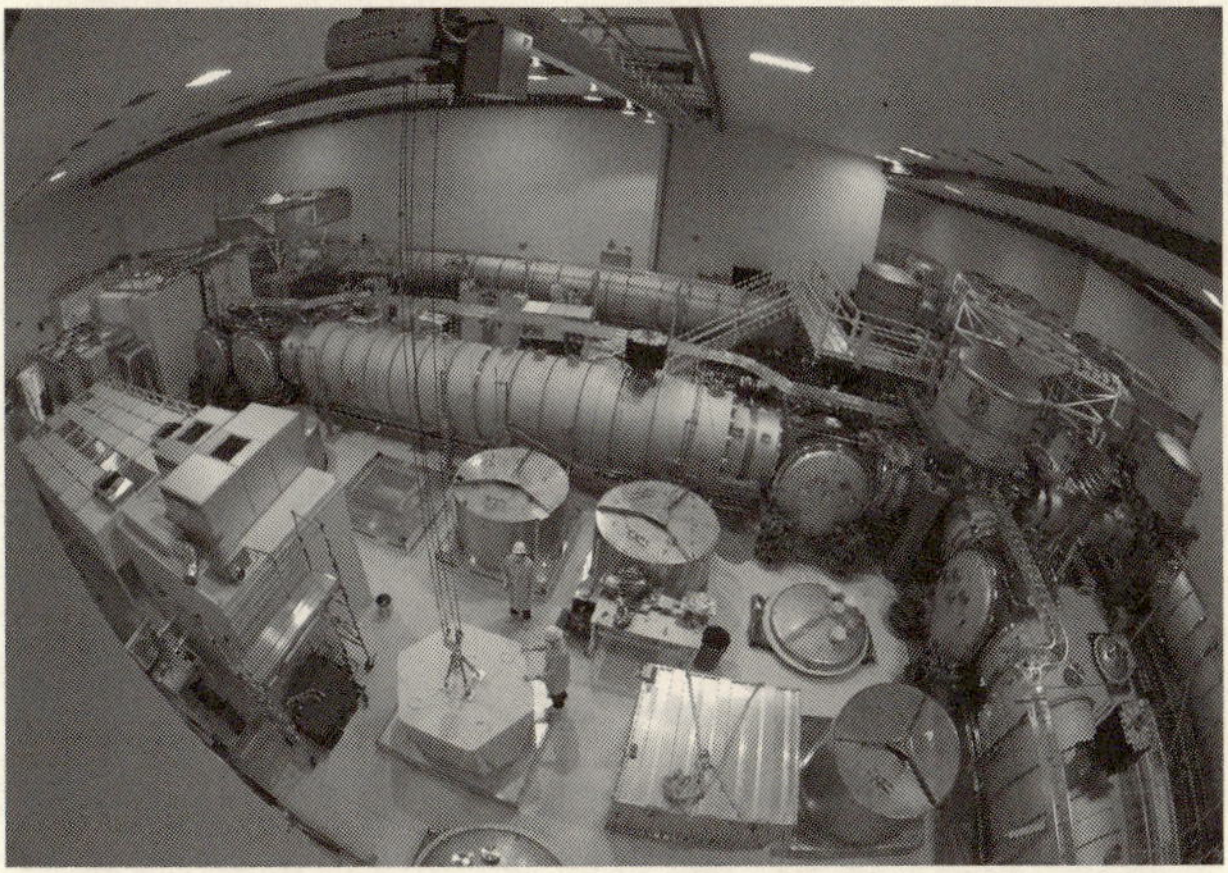

図８　LVEA（レーザーおよび真空装置エリア）内。
Courtesy Caltech/MIT/LIGO Laboratory

に巻き、溶接してつくった長さ六〇メートルのパーツがつながって、四キロメートルの全長をカバーしている。保護用のコンクリート製トンネルがパイプを覆い、それと平行して、トンネルのエンドステーションにあるもっと小さなラボまで側道が通っている。

地球の大気圏内で一、二を争う大きな真空空間のうち二つは、ＬＩＧＯのビームパイプの中にある。制御室の両開きの扉のすぐ向こうにあるのだ。パイプの内部は、いわゆる銀河間媒質がごくわずかに存在する銀河間空間よりも物質が少ない。この二つの真空空間は、大気圏内で最大級でありながら、一部の宇宙空間と比べて物質が八分の一しかないのだ（宇宙空間にはこれよりもっと空疎な領域もあるが）。

科学者が設計した真空系は、費用効果が

高く、性能もすぐれている。地球上にはこれより内部の物質が少ない真空チャンバーはあるが、ＬＩＧＯのチャンバー二つを合わせたよりもサイズの大きなものはない。パイプ内を真空にしたのは一九九八年で、それ以来、大気圧に戻したことは一度もない。改良型《アドバンスト》ＬＩＧＯへの移行に伴ってあらゆるものが交換されているが、この〝無〟だけはそのまま引き継がれている。真空状態は実験が終わるまでずっと維持する必要があるのだ。仮に真空状態が破綻《はたん》したら、実験そのものが破綻してしまう。「私たちもみな故郷に帰るしかありません」とマイク・ランドリーは言う。

ある日の午前三時、核施設の保安部隊から監視員がやって来て、ＬＩＧＯの施設に入るとこう言った。「皆さん、さっきの音は聞こえましたか」。ランドリーが車で側道を行くと、検出器のアームを覆うコンクリート製トンネルの外壁にトラックが衝突していた。ハンフォードサイトをパトロールする保安部隊は連邦政府から権限を与えられ、殺傷能力の高い武器を携行し、威嚇的な装備に身を固めた体格のよい隊員を擁している。少なくとも一部の隊員は、この土地の地形を知り尽くしているわけではないのに、闇の中で車を猛スピードで走らせるのが好きだった。灌木が点々と生えた平地を時速八〇キロメートルで突っ走った隊員が、干渉計のアームに衝突し、自分の腕《アーム》を骨折した。肋骨も一本折れていた。

この事故では真空の破綻はまぬがれたが、そうなってもおかしくなかった。コイン程度の大きさの穴なら笛のように不吉な音を立てて実験をぶち壊すだけかもしれないが、穴が十分に大きければ人の命が奪われるおそれもある。宇宙ステーションに穴が開いたら船内が真空になるのと同じことだ。

自動車は、パイプにぶつからなくても厄介だ。ＬＩＧＯは地面振動に対してきわめて感度が高い。なにしろこれ自体が超高性能の振動計なのだ。だから側道を走るトラックなどの音が感知できてしまう。飛行機の音も問題で、データを解析したところ、近くの空港の発着スケジュールと同じタイミングで雑音が発生していることが判明した。

四二キログラムの透明な鏡

太陽と月の作用で鏡が揺れ動くので、磁石を使って鏡を基準の位置に戻さなくてはならない。周辺の地殻変動を検出するための振動計もあり、それには検出したずれを補正する油圧系が搭載されている。これらからもさまざまな雑音が生じるので、本物の信号と区別しなくてはならない。私たちは装置の生《なま》の音に耳を傾ける。他の天体による潮汐《ちょうせき》力《りょく》、固まりきっていない地殻のうなり、元素に残る熱、量子振動、レーザー光の圧力によって、装置は低い音を立てる。

鏡は圧巻だ。私たちの目にはどう見ても透明で、そこに鏡があるということすらほとんどわからない。可視光線を反射させるにはまったく役立たない。この鏡のすごい点は、レーザー光の反射性能に尽きる。鏡の製作は、この種の装置を非常に得意とする企業に外注する。その鏡を世界のあちこちへ送り、光をほとんど損失せずに高率で反射できる最高品質の鏡にするため八〇層のコーティングをするなど、さまざまな加工を施す。レーザー光の周波数で

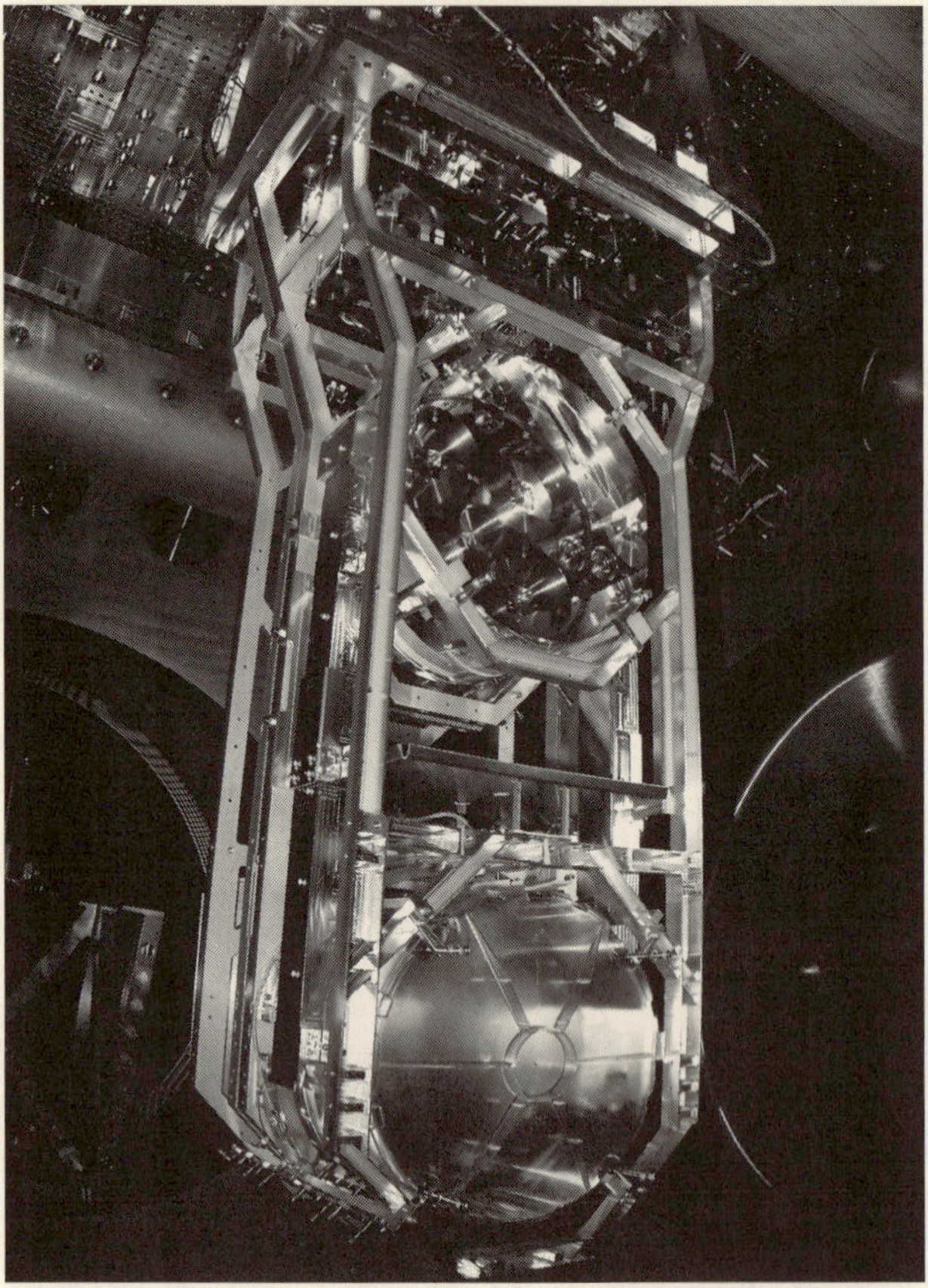

図 9　鏡の懸架装置。 Courtesy Caltech/MIT/LIGO Laboratory

図10　42キログラムの透明な鏡。Courtesy Caltech/MIT/LIGO Laboratory

は、この鏡の反射率は九九・九九九パーセントに達する。

きわめて繊細なグラスファイバーで、四二キログラムの鏡が吊り下げられている。トンネルの天井にボルトで留めるわけにはいかないからだ。留めてしまったら、空間に変化が起きても、鏡は波にもてあそばれるように揺れることができなくなる。このため、安定性と感度のあいだで起きるぎりぎりのせめぎあいという問題をなんとかしなくてはならない。グラスファイバーは直径が髪の毛のおよそ二倍しかなく、切ろうと思っていじれば切れる程度に繊細だが、引張りに対しては鋼のような強靭さを示す。

LHO所長のフレッド・ローブは、この駆け引きを精緻《せいち》と恐怖のバランスと呼ぶ。一メガワットのレーザー光を鏡と鏡のあいだの空洞に閉じ込めると、ものすごい勢いでパワーが蓄積する。装置がロック状態から外れると、フォトダイオードがレーザー光を浴びることになるが、このダイオードはごくわずかな光子しか吸収しない設計となっている。あるとき事故が起きて、カメラが焼けてしまったことがある。そこで装置群を保護できるように、すばやく閉まるステンレス鋼のシャッターが設計された。また別のときには、装置がロック状態から外れたせいで、蓄積していたパワーがこの強固なシャッターを襲い、その金属さえ燻製になった。焦げた破片がシャッターから剝がれ落ち、真空中を舞った。

中国で発生した地震がいくつかのもっと小さな光学装置を揺さぶったことが原因とされる、大事故寸前の被害が起きたこともある。動きを抑えるためのシステムが揺れを制御できず、光学装置が何時間も揺れ動いていた。オペレーターが干渉計をロック状態に戻そうとして、誤って入力ビームを動かしてしまった。レーザーカッターが材料を熱で溶かして切断するのと同じ状態となり、ワイヤーが切れた。吊り下げられていたものが落下した。これに類する事故は二回ほど起きただけで、今では万一に備えて鏡を受け止める対震ストッパーが耐震棚に設置されている。通常は、世界各地で起きる地震がこれほど破壊的な影響を及ぼすことはない。

虫の問題

マイク・ランドリーと私は無塵衣《むじんい》を着込んでLVEAに入り、そこで行なわれている作業を間近で見る。建屋全体がクラス一万のクリーンルームとして管理されている。クラス一万とは、塵埃《じんあい》の許容限度が空気一立方フィート（約〇・〇三立方メートル）あたり一万個程度ということだ。ちなみにニューヨークの平均的な空気には、一立方フィートあたり微生物やほこりや化学物質といった汚染物質の粒子が一〇〇万個以上含まれている（このあとルイジアナの観測所を訪れたときには、高度なクリーンルームのガイドラインに関する一時間の講義を受けた。そこでは、手術用手袋、ジフ社のピーナッツバター、噴射ボトルに入ったイソプロピルアルコールを使った参加型実験といったことをした）。室内は低温に保たれて（汗は汚染源となる）広く、天井までの高さは九メートルから一二メートルほどある。壁面にレールが取り付けられ、頭上でクレーンがこのレールに沿って移動する。床から見上げると、レールには最大荷重五トンと大書《たいしょ》されている。私たちはヘルメットをかぶる。

チャンバーは、汚染された空気をパイプ内に流入させないで圧を大気圧と等しくできるように、頑丈な仕切り弁でトンネルから隔てる必要がある。階段や通路に上って高いところから見下ろしたときの眺めのせいで、L字の頂角にあたるこのチャンバーの集積したエリアは〝ビアガーデン〟と呼ばれるようになった。これでチャンバーがどんなものか想像できるのではないだろうか。ビールの醸造樽と、H・G・ウェルズが「深海潜航」で描いた球形の深海探査艇を足して二で割ったような形状をしているのだ。チャンバーの上部を開き、クレーンの巧みな操作で懸架《けんか》カートリッジを丸ごと吊り上げて搬入する。それからチャンバーをしっかり封鎖する。仕切り弁を開けても大丈夫なように、アーム内と同じ真空レベルに圧を戻す。

設置から八週間後、エンドステーションのビューファインダーを開いたら（ワシントン州ではなくルイジアナ州の話だ）、体長五センチの生きたクモがガラスの内側に張り付いていたらしい。どちらの観測所でも、虫が問題となる。ネズミも厄介だ。ＬＨＯに話を戻すと、無塵衣を着るための狭い部屋で、ランドリーが「ごめんよ」と言ってクモを踏みつぶす。エンドステーションのラボに入って数分後、話をしていた年長の実験担当者が不意に黙り、マスクの上に出ている眼を見開いて、最も大事な部品を覆うプラスティックの内側に入ったガを仕留める。ランドリーはほこりにまみれた死骸を床から拾い上げながら、また「ごめんよ」と言う。

パイプは壁を突き抜けて、乾燥した土地を数キロメートル先まで延びていく。ＬＶＥＡと四キロメートル先のエンドステーションを結ぶコンクリート製トンネルの内壁と、トンネル内を通るビームパイプとのあいだには、全長にわたって人が歩けるほどのスペースがある。もっとも実際に全長を歩いたのはレイ・ワイスが初めてで、そのとき彼はネズミやスズメバチ、クロゴケグモ、ヘビが棲みついているのを発見したのだった。スズメバチはクロゴケグモを好んで食べる。とらえたクロゴケグモを六角形の巣にしまい、食べたくなるまで殺さずに麻痺させてとっておく。クロゴケグモの尿には塩酸が含まれている。そして塩酸はパイプのステンレス鋼に腐食と変色を引き起こす。実際、パイプには変色が見て取れる。水泳用のプールをつくるのにステンレス鋼が使われないのは、この材料が塩素に対しては耐食性《ステンレス》でないからだ。「クロゴケグモ説もおもしろい」が、調査を重ねた結果、ワイスはこう見ている。
「真犯人はネズミです」

ビームパイプを完全踏破する

ワイスは問題の原因を突き止めるために、トンネル内を行き来した。ワシントンよりもルイジアナのほうが状況は深刻だった。真空パイプに直径が髪の毛の三〇分の一ほどの小さな穴が開いていた(見つけしだいふさいだ)。観測所では、どこに行ってもワイスにまつわるこの手の話を聞かされる。あのころワイスはトンネル内に這って入ったとか、パイプ内にガラスの破片を見つけたとか、ネズミやスズメバチやあらゆる有害動物を追い払ったとか。そのワイスが今またビームパイプの傍《かたわ》らを歩いていく。彼はいつも伝説をまとっている。

LHOで、ワイスはパイプの振動に関するちょっとした実験をするあいだ、私を同行させてくれた。枯れ枝の塊《かたまり》が側道に転がり込んでトラブルを起こすのを防がなくてはいけない。干からびた灌木が根こそぎ抜けて平地を転がるうちにできあがった塊が、とげの生えた綿ぼこりのようにトンネルの外壁沿いにたまっている。吹きだまった枯れ枝のあいだに通り道をつくるため、枯れ枝を集めて圧縮し、干し草ブロックに似た長方形の塊にする。それから例のジオラマのような敷地のすぐ外へ運び出す。何かに利用するのか捨てるのか知らないが、ジオラマと同じ作業台に材料が置かれているかのようだ。自然のままの形でも、あるいは圧縮されて長方形になっていても、私はこの枯れ枝が気に入った。施設の人工的な土地を自然な風景に結びつけてくれるからだ。

ワイスが声をかけてくる。「においが我慢できなかったら言ってください。ルイジアナよりはこっちのほうがずっとましなのですが。私は去年、真菌性肺炎になりましたよ」。アームを保護するコンクリート製トンネルに設けられた合計一四枚の扉のうち何枚かを開けると、呼吸が楽になる。においは特にどうとも思わないが、新鮮な空気がありがたい。「私はずっと、このトンネルを歩いてきました」とワイスが言う。長年にわたって、ビームパイプは科学者としての彼の責任下にあった。パイプは振動する。彼が叩くと、パイプはいつまでも大きなうなりを上げている。LIGOが感度の向上を追求すれば、低周波の地面振動がすべて感知されるようになってしまう。地面振動自体は以前から常にあったが、感度が低い限りさほど問題にならなかったのだ。私は万力のような装置を締めたりケーブルを押さえたりして、準備を手伝う。ワイスは子どもを自由に遊ばせるかのように、私の好きにさせる。ワイスは表向きには退職しているし、もう八〇代なのだが、プロジェクトを推し進めるためにできることは何でもする。ほかの人がやらないですむように、自らこの作業をしているのだ。ワイスはパイプを叩き、蹴り、殴りつける。

「すごく忍耐力が必要ですね」と、私はわかりきったことを言う。「忍耐強いほうですか」とぶしつけに尋ねる私に、ワイスは「いいえ。あなたも違うでしょう」と答える。「わかります？」「ええ。私がしゃべっている途中でいつも遮《さえぎ》ってきますから」とワイスは言うが、不愉快というわけではなさそうだ。痛いところを突かれてしまった。ワイスは悪気がないことを手振りで示す。「かまいませんよ。気にしないでください」

ケーブルを何本か留めて、パイプを囲む骨組みの一つに小さな装置を取り付けると、ワイスがビームパイプの振動に関する診断用測定を行なうあいだ、私は車の中で待たされる。ワイスの忠告を忘れて窓を閉めきっていたうえに、砂漠の太陽に照りつけられて、車内が暑くなってくる。しかし音を立てたらワイスの実験を邪魔してしまう。車のドアレバーのガチャという音や、ドアを開けたら起きるかもしれないきしみ音を想像して、私は物音を立てずにまぶしい日差しに焼かれることにする。

エゴは棚上げに

その晩にハンフォードサイトから車で帰る道中や、ともに過ごした数日間に、ワイスはLIGOが発足したころの話や一九八〇年代のトロイカ体制のことを聞かせてくれた。彼によると、管理体制は目も当てられないほどひどかったそうだ。ロン・ドレーヴァーは権限の共有ができない性格で、ワイスを含めて他者の判断を信頼することができなかったと言われている。ドレーヴァーがそんなでも、カルテクチームはプロジェクトを成功させるためにとにかく団結する必要があった。「プロジェクトを前進させるのに必要とあらば、私は何でもやりました。どんなことでも」とワイスは言う。

「ロンは非常に扱いにくい人物でした。あのころ私はロンを大いに尊敬していましたが、それは上に立つ者に対する尊敬とは別の種類のものでした。私はしだいに科学者としてのロンをよく理解するようになりました。また、なぜ彼が付きあいにくいのか、その理由もわかりました。彼はものの考え方があなたや私とは違うのです。彼は物事を視覚的に考えます。自分が前の日に考えたことなど忘れてしまうので、周囲の者は何も決められません。ただ彼のプロセスを見ているだけです。レーザー光の強度はどのくらいにすべきかとか、鏡はいくつ必要かとか、そういった判断についてはすべて同じロジックで片づけます。干渉計で使うものならすべて同じです。彼と議論して、同じ結論にたどり着いて、彼が自分の見方の誤りを認めたとしても――あるいははっきりとは認めないかもしれませんが――翌朝になるとまったく同じところから議論をやり直すことになります。そしてまた同じ結論に至るのです。毎日毎日、これの繰り返しです。いつまでも決着しません。それが問題の一つでした。

ロンは［キップに］『私はあなたにだまされてここに連れてこられた。私は何でも手に入ると思っていたのに、実際はどうだ。ひどい状況に置かれているじゃないか。ワイスやMITの連中が私を食い物にしようとしていて』というようなことを言っていました。まあ、キップも心の奥ではそれについて申し訳ないと思っていました。ロンの言い分にも一理ありましたから。ロンはほかの人とうまくやることが求められるとは少しも思っていなかったに違いありません」

ドレーヴァーは、またしてもモーツァルトの役割を演じていた。ワイスは自尊心が揺らぎ、とりわけ落ち込んだときには、サリエリ役を押しつけられているのではないかと案じた。干渉計について、設計の実現について、ワイスにはワイスなりの考えがあった。しかしプロジェクトを遂行するには、個人的な苦痛があっても自分のエゴは棚上げするしかない。ワイスは用地の選定や実用化研究に取り組み、鏡のコーティングをテストし、独自のレーザーを作製した。今でも彼は、いつでもどこでも必要ならば何でもする。スズメバチを追い払い、トンネルを歩き、システムを検証し、電子装置をつくったりする。「レイに訊いたほうがいい」という声を私は何度となく耳にした。

「それで、キップはその立場を続けました。そうするしかなかったのです」。ソーンはチームの団結を保ち、いろいろな個性の絶妙な組み合わせが有効に働くように、それぞれのエゴとそれを束《たば》ねる権威のバランスをとろうと努めた。権限をさまざまに切り出しては、○○担当主任研究員や××担当主任研究員といった等しく重要な肩書きをつけた。冷静な気質とコンピューターをもっていることが、采配を振るう助けとなった。個人でコンピューターを所有しているのはソーンだけだった。トロイカの三人のもとに生焼けのアイデアがあれば、ソーンがそれをタイプしてアルミの箱に送り込む。すると、決定事項が白い紙に黒で印字されて出てくる。決定事項はコンピューターで加工するともっともらしさが増す。つまり、コンピューターが権威を生み出すというわけだ。しかし、真の決定がキーボードから打ち込まれることはなく、紙に打ち出されることもなく、結局のところ真の決定など一つも下されないのだった。ワイスとドレーヴァーの確執、相容れないスタイル――ワイスは何が何でも前進しようとする積極性と決意を抱いていたのに対し、ドレーヴァーの豊かな発想は頭の中で画像を描く空想的な性質によるものだった――の衝突は、それぞれ一人でなら生み出せたかもしれない成果を妨げた。結局のところ、三人が一致して決定を下したことは一度もなかった。

「一度も」とワイスは言う。

「一度もなかったというのは大げさですが、あまりなかったのは事実です」と、あとでソーンが訂正する。


問題はトロイカによる管理体制にあり!?


ワイスは言う。「ディック・ガーウィンが［国立科学財団に］手紙を書いたとき、すべての流れが変わりました。話をずいぶん端折《はしよ》っていますが、まあそういうことなのです。一九八六年の五月でした。ガーウィンが国立科学財団に手紙を書きました。トロイカ体制が生まれて三年経ったころのことです。彼は自分で、この分野に引導を渡してやったつもりだったのかもしれません。ところが私たちがそれを復活させようとしていた。ガーウィンの提案によって、財団は夏のあいだに実験をしろと要求してきました。……私が呼び出されて、それでおそらくカルテクの人間はちょっといら立ちました。トロイカの三人のうちで、私がその実験をやれと命じられたのです。資金をブルーブックの実用化研究にすべて注ぎ込んだあとで。まあ、その要求は正当だったと思いますが」

ガーウィンは非常に影響力の強いＩＢＭの科学者で、一九六九年にあの悪名高い発見の主張がされたあとでウェーバー・バーを作製したうちの一人だった。高いレベルでアドバイザーを務めてきたとあって、彼の発言は尊重された。彼は戦略防衛構想（いわゆるスターウォーズ計画）の愚行を阻止するのに一役買ったのに加えて、一九六〇年代の超音速飛行機計画など惨事につながりかねない産業界の暴走も押しとどめた。成層圏を航行する超音速飛行機が実現していたら、ニューヨークからカリフォルニアまで現在の何分の一かの時間で移動する代償として、脆弱《ぜいじゃく》な大気層を修復不可能なところまで汚染してしまったことだろう。ガーウィンはウェーバーを抹殺したが、それによって自分が社会に貢献したと考えていた。重力波に関する実験がまた始まると聞き、しかも信じがたいほど巨額の費用が投入されると知って、彼はおもしろくなかった。

ワイスはさらに語る。「つまり、ディックは竜を退治したと思っていたのに、その遺灰から突如として不死鳥が飛び立ったというわけです。

大事なのは、このコラボレーションの問題が浮き彫りにされたのに加えて、すでに開発された技術がたくさんあるという事実も明らかになったことです。私はレーザー分野と精密測定分野の人材を集め、ウェーバー・バーにかかわった人間、つまりあれほど見事な測定を行なった人間も何人か招きました。これにかかわるあらゆるテーマでミーティングを開きましたが、管理体制というテーマだけはきちんと議論できませんでした。

私は出席者たちに何が問題か説明しました。『責任者を一人だけ置くということで皆さんに賛同していただけない限り、この研究は死んでしまいます。今のトロイカ体制は解消すべきです。機能していませんから』。キップと私はどちらも口には出しませんでしたが、管理体制がお粗末だということをメンバーに伝える場としてこのミーティングを利用したのです」

ソーンは力を込めて言う。「一九八六年一一月に開かれたこのミーティングは、格別に大きな意味がありました……管理体制を除くすべての点で確固たる承認を得たのです」。このミーティングの報告書は、建設段階を推し進めて装置の開発をはかどらせるための詳細なレビュープロセスとして機能した。前向きな評価が得られたことから、国立科学財団のアイザックソンは、設計と建設に関する計画書を出せばプロジェクトを前進させられると確信した(これ以前にトロイカが計画書を二度提出していたが、いずれも却下されていた)。ただし条件が一つあった。責任者を一人に絞ることだ。ガーウィンを含むレビュー委員会のメンバー全員が、報告書を承認した。

ワイスが語る。「この結果として選ばれたのが、ロビー・ヴォートでした。カルテクの学務部長だった人物です。

初めのうちは、ロビーもいくらか役に立ってくれました。認めるのは悔しいですがね。この点については努めて公平な立場をとるつもりです。そうすべきだと思いますから。ロビーを推す声を耳にして私が真っ先にしたのは、アメリカ中に電話をかけて、彼に関する推薦の言葉をどっさり集めることでした。彼はすばらしい仕事をしていました。偽りのない真実を告げてくれた人が一人だけいましたが、私はその話を信じませんでした。その人の言葉を私は決して忘れません。『彼が加わったら、あなたとロンは今までのようにはやっていかれませんよ』と言われたのです。真意がわからなかったので、単刀直入に尋ねました。『めちゃくちゃにされるということですか』と。相手はこう答えました。『いえ、そうではありません。彼はやってくれます。計画は実現させてくれるはずです。しかし、あなたとロンは今までどおりにはいかないでしょうね』」

11章　スカンクワークス

学務部長を解任された人物

カルテクの学務部長《プロヴォスト》（訳注　大学で教員を監督し、学長を補佐する要職）だったロフス・E・ヴォートは、この職を解任された。きわめて型破りで技術的に不明な点が多く、始まったばかりの巨大プロジェクトを率いる統括責任者のポストに推薦するには、前職を解任されたというのはあまりよい話に聞こえないかもしれない。深読みしすぎるのはよくないが、“Vogt”（ドイツ語読みでフォークト、英語読みでヴォートなど）は神聖ローマ帝国で特定の領土を監督した官吏に与えられた肩書きだった。つまり、ヴォートというのはまさに、〝プロヴォスト〟と同じような意味をもつ名前なのだ。

このように、いかにも天職に就《つ》いたかのような名前をもっているにもかかわらず、ヴォートは自分のことを「いかなる権威も毛嫌いする人間としてよく知られています」と言う。

学務部長として、彼は特定の国よりもカルテクへの忠誠を表明した。彼は自身の任務を表すのに、「一時雇いの仕事人」という言い方がうれしくはないがぴったりだったと認める。国よりも大学に忠誠心を抱くことには、保身の意味合いもあるのかもしれない。ナチズムとともに育ったドイツ国民は、あの台頭した権力とは対立する立場に自らを位置づけるような身の上話をもっているほうが都合がよい。あるいはひそかに誰かと手を結んでおくことが得策となり、世渡りの下手な学務部長でもそうした策が経歴の助けとなるのだろう。ちなみに事実として、彼は全体主義に対しては政治的に正しい反応（恐怖と拒絶）をきちんと示し、合衆国憲法や個人の権利の保護に対しても政治的に正しい反応（称賛と是認）をきちんと示した。しかしカルテクに対するヴォートの揺るぎない忠誠は、いかなる愛国心をも超えていた。

私がカルテクを訪れてヴォートの部屋で本人と会ったとき、こう言われた。「昨日は五月八日でしたね。一九四五年の五月八日、私は一五歳でした。その直前まで捕虜だった私は、これから死ぬまで、愚かな権力の支配を受けるまいと心に誓いました」

彼はドイツ南部の特権階級の出身だったが、ナチスがその身分を奪ったという話になろうとしていた。戦後、彼は身分を下げられて農場労働者となり、それから製鋼所の作業員となった。やがて彼は自分の行なった研究のおかげでもっと豊かなアメリカへ渡ることができた。すでにそのころには、思いがけず友人になったアメリカ兵につけられた〝ロビー〟というニックネームで呼ばれていた。そのアメリカ兵というのがじつは武器査察官で、核兵器の製造が行なわれないようにするため、ヴォートの在籍するドイツの大学に派遣されてきたのだった。ドイツの製鋼業界で技術者の経験があったヴォートは、学生代表の立場で連絡係を務めていた。しかしこれらの事実のどれをとっても、ヴォートが学務部長の職を解かれた理由の説明にはならない。

ボイジャー・ミッションのリーダーの座を譲る

ヴォートは、惑星探査機ボイジャーの主たる実験の一つだった宇宙線測定システム実験の責任者を務めた。現時点で、二機のボイジャーは地球から最も遠くにある人工物体として、地球から一五〇億キロメートル以上離れた場所を飛行している。二機は恒星間空間に肉迫しており、太陽の磁力のマントを脱し、もっと遠くの恒星から吹く風を鋼製の機体に受けている。ちょっとドラマティックに語ってしまったが、事実である。ヴォートは、ボイジャーのミッションの行き先を恒星間空間まで延長しようと尽力した。そのためにはボイジャーに積載するヒドラジン(宇宙船を太陽系外で制御するための燃料として必要な、毒性の強い物質)を増やすべきだと訴えた。そのせいで、惑星学者たちの資材積載の割り当てが奪われてしまった。ヴォートはこう説明する。「遠くへ離れるほど、通信のビットレートを抑える必要があります。……電力を供給するプルトニウム発電機は、あと五年か一〇年くらいは使えますが、やがて力尽きてしまいます。そうなると、通信するのに十分な電力が得られません。……あと五年はゆうにかかりそうですが、私たちは恒星間空間で銀河の宇宙線のスペクトルを測定することになるでしょう。しかしそれはあくまでも〝私たち〟の成果であって、

〝私〟の成果ではないのです。……今では別の人たちが発見をしています。私としてはそのことだけが心残りです。当局にその喜びを奪われてしまったのです。それが残念でなりません。といっても、最初の観測者になれたら楽しかっただろうに、という理由にすぎませんが」

ボイジャーは一九七七年に地球を飛び立った。人は乗せていないが、地球に関するメッセージが刻まれたレコードを積んでいる。カール・セーガンを座長とする委員会が取りまとめた、地球のポートレートだ。このミッション随一の遊び心あふれる目的として、地球以外の宇宙に生物が存在し、この探査機を送り出した者たちに興味をもってくれる場合に備えて、地球からのみやげ物を詰めた輝かしい瓶を恒星間空間の風に乗せて漂わせる、というのがあった。メッセージの刻まれた金色のレコードは、私たちの暮らす繊細な星の位置を図で示しているので、侵略者に情報を与えることになるといって反対する国民もいた。しかしまずは、恒星間空間の広大な虚空の中で、ちっぽけな金属のかけらにすぎないボイジャーを地球外生物に見つけてもらわなくてはならない。数万年くらいでは、探査機がよその恒星系に遭遇することはないだろう。銀河の探検者が用いる一般的な方法――それがどんな方法かは知らないが――で私たちを見つけるほうが、ボイジャーを発見してそこに記されたメッセージを解読し、針路を変えて視界の外にある私たちの太陽系を見つけるよりも簡単に違いない。

ヴォートは学務部長への就任にあたり、ボイジャーが太陽の磁力の及ぶ範囲から脱する前に、すなわち宇宙線測定システム実験で真の戦利品が得られる前に、このミッションを率いるリーダーの座をほかの者に譲った。学務部長の職を引き受ける際、解任されたら宇宙線実験に戻れるだろうかと考えた（なぜそんな可能性を考えたのかは疑問だが）。就任してまもないころに行なわれたインタビューで、ヴォートは予兆を示していた。「私が実験に戻っていったら、まわりから遅れてしまった私を同僚たちは気の毒に思わざるをえないでしょう。そんなふうにして人を困らせるのはよくありません。だから、まったく別の領域に進むべきだということは明らかです」。当時のカルテク総長、マーフ・ゴールドバーガーは、何年も経たないうちにヴォートを解任させた。ゴールドバーガーがさっさと彼を解任することができたなら、つまりそうする権限をもっていたなら、もっと早く手を下せただろう。しかし学務部長を解任するには、理事会と協調して事を運ぶ必要がある。ヴォートは管理職としての手腕にすぐれ、見事な采配を振るっていると受け止められ、理事たちの受けがとてもよかった。しかし一方で、偏執的で面倒な人物ととらえる人たちもいて、そのような人物像はまあ妥当で適切だったかもしれない。渦巻く敵意と批判で理事たちの関係は壊れ、結束は崩れざるをえなかった。ともあれ、この話はいささかゴシップ的だし、ヴォートが当然の運命をたどったということを示す以外にはそんなにおもしろくなく、重要でもなさそうなので、このくらいにしておこう。

ネガティブな要因が、彼を次の局面へ進ませようとした。実質的に職を失い（給料はまだもらえたが）、かつての研究に戻ることもできず（「そんなふうにして人を困らせるのはよくありません」）、物理学科の建物の地階で男性用トイレのすぐそばという屈辱的な部屋に追いやられ（実験室や研究グループは与えられなかった）、失意（解任されたとき、教授陣はなぜ団結して立ち上がってくれなかったのか？）によって物事に対する認識が変わり、「まったく別の領域に進む」心づもりができていた。その一方で、ポジティブな要因が同じ強さで彼を引き止めた。野心、ビジョン、行動力。まさにこのとき、トロイカ体制の意図的な解消によって迷いの均衡が崩れた。彼の足元で、文字どおりにも比喩的にも廊下のすぐ先で、決め手となる出来事が起きたのだ（解任後は、彼の部屋はゾーンの一つ下の階になった）。こうしてロビー・ヴォートはLIGO統括責任者のポストに収まることになる。

問題解決に秀で、問題を起こすことに長《た》けた人物

ヴォートは決してLIGO統括責任者の職を望んだわけではない。その後、この職も辞めさせられた。「もう二五年間、LIGOプロジェクトには関係していませんから」と、自分と話しても何も得られるものはないと警告するかのごとく言う。それでも彼は、LIGO本部としか呼びようのない建物で、二五年近く口を利いていない同僚たちのいる廊下の突き当たりにある広い部屋へ私を迎え入れる。LIGOチームの主要な科学者たちは、彼を見かけても言葉を交わすことはない。私があの悪名高く恐るべき巨漢のロビー・ヴォートに会うために廊下の先を訪れると知って、彼らは信じられないという思いや、さらには不安さえ口にする。まるで彼が、永遠に封印しておくべき子ども時代の暗く恐ろしいクロゼットにとりついた亡霊であるかのようだ。

学務部長としての任期が終わった日、カルテクの物理学・数学・天文学部門のトップが部屋に来ると、ヴォートは「すべてお返しします」と言った。学務部長による監督が必要となる可能性のある、学科内の業務の話だ。「終わりました。退任です」。部門長のエド・ストーンは「まったくひどい話です」と応じた。ヴォートの説明によると、調査委員会が彼をLIGO統括責任者のポストに推薦していた。ストーンの任務は、ヴォートの機嫌がよいときに接触して、機会を見計らってこの話を持ち出すことだった。しかし学務部長を解任されたタイミングでは、この話はただのなぐさめにしかならない。ヴォートはこう答えた。「エド、気でも狂いましたか。お断りします」

エド・ストーンはその日、統括責任者の有力候補としてヴォートの意向を見定めようとしたかもしれないが、ヴォートに声がかかったのは彼が学務部長を「退任」してから何週間か経ったころだった、というのがソーンの推測である。

ヴォートと私が部屋に落ち着くと、彼は無理やりLIGO統括責任者に就任させられたのだと話しだす。「いやだと言ったのに、聞いてもらえませんでした」。彼が抵抗したのは、ウェーバーの共鳴型検出器や論争を招いた主張のせいで、その分野全般に疑念を抱いていたせいだった。「ちなみに、ウェーバーは悲劇的な人物でした。じつは優秀な科学者だったのに、重力波の検出にのめり込みすぎて、データをひどく間違って解釈してしまったのです」

最終的に、ヴォートは当局からの強い圧力に屈した（脅迫されたと本人は言う）。「しかし、その職を引き受けると決めた瞬間、それは私のプロジェクトとなり、私は全身全霊で臨みました。そのくらい打ち込む必要があったのです」

一九八七年、ヴォートはＬＩＧＯ統括責任者となって、新たな領域を支配下に収めた。ロン・ドレーヴァー、レイ・ワイス、キップ・ソーンからなるトロイカが、このプロジェクトの中でにわかに解放されて、それぞれの道を進み始めた。ヴォートはソーンのことを「ノーベル賞に値する」と言い、ワイスを「すばらしい科学者で、人間的にもすばらしい」と言い、この二人をひたすら称賛する。ドレーヴァーのことさえ「非常に優秀な科学者だとわかっていました。ただ変人なだけです」とたたえる（ついでながら世評では、グループとしてのトロイカがいずれノーベル賞候補として検討されると言われている）。ヴォートは彼自身のもつ立派な特質すべてを統括責任者の職務に持ち込み、また短所もすべて持ち込んだ。ある人の言った言葉が、的を射た表現だとして私のところまで伝わってきた。誰の言葉かは、ご想像にお任せする。「ロビーほど洞察力と創造力に富んだ者はいなかった。彼ほど問題解決に秀でた者もいなかった。そして、彼ほど問題を起こすことに長《た》けた者もいなかった」

ヴォートのＬＩＧＯ計画書、国立科学財団を動かす

一九八九年、ロフス・Ｅ・ヴォートは研究責任者として、国立科学財団にカルテク・ＭＩＴ合同チームによる取り組みの成果を提出した。熟慮された詳細な計画書は二二九ページに及び、「レーザー干渉計重力波観測所の建設、運用、および支援のための研究開発」と題されていた。冒頭には次の一節が引用されている。

先頭に立って新たな制度を導入することほど着手の難しい、過程に危険を伴う、あるいは成就のおぼつかない物事はない。

――マキァヴェッリ、『君主論』（一五一三年）

ワイスはこの計画書を傑作と評する。プロジェクトに携《たずさ》わる誰もが全力で任務にあたり、その結果として完成したのがこの文書だった。そこには、アメリカの東西両岸で協調して稼動する一辺四キロメートルの観測施設二つからなるLIGOの構想が、緻密に力強く、説得力をもって描かれていた。ワイスの思いついた俳句のようにシンプルなアイデアが、最終的に国立科学財団に受け入れられ、実現性のある装置――宇宙への新たな入口――を一九九〇年からの四年間で建設すべきと訴える明晰な主張となり、一億九三九一万八五〇九ドルを獲得するに至った。「The LIGO」（当初は冠詞がついていた）は、計画書の要約の中で二つの目的を述べている。「（1）一般相対性理論の検証……および（2）電磁波天文学や素粒子天文学が用意するものとは根本的に異なる宇宙観測の窓を開くこと」。この計画書によって、ヴォートはLIGO統括責任者としての道を踏み出すことができた――まっとうすることはできなかったにしても。そして財団は資金を承認した。

といっても、二億ドルがすんなり銀行口座に振り込まれるわけではない。かなりの金額に思われるかもしれないが、粒子加速器など数十億ドル規模に達するほかの計画の予算と比べれば、驚くほどではない。それでも、LIGOは国立科学財団が受け入れた計画としては史上最大のものであり、連邦議会に特別な予算配分を要求する必要があった。主たる障害がクリアできたことは間違いなかったが、それ以降もいろいろな障害が立ちはだかった。財団から資金拠出の勧告が出されたことによって、議会の承認を目指す長い闘いが始まった。一部の議員はLIGOを攻撃の標的とした。ヴォートによると、このプロジェクト（そしておそらく科学全般）が資金の無駄遣いだと思っていたからだ。議会は資金の支給を先送りして、それによって観測所の建設も遅らせた。ヴォートは二年間ワシントンに足しげく通い、上院と下院の支持を得ようと努めた。議事堂の廊下では事務局長らとならんでよく知られた存在となり、歳出委員会でもおなじみの顔となった。

議会承認を目指す長い闘い

ヴォートはロビイストが必要だとカルテクを説得した。これは現在に至るまでカルテクの一部の教授陣には嫌われる作戦である。かなりの抵抗を受けたが、ヴォートはアドバイスをもらうためにプロのロビイストを一人雇い、障害を解消する態勢を強化して再びワシントンに乗り込んだ。一九九一年三月一三日に開かれた下院科学宇宙技術委員会の公聴会への準備は十分にしていったが、反対証言が出てくることはまったく予期していなかった。公聴会の場で、高名な天文学者のトニー・タイソンが破滅的な評価を発表したのだ。

トニー・タイソンが重力波に傾注し始めたのは、タイソン版のウェーバー・バーをつくった一九七一年だった。バーを使った実験を何年間も続けたが、検出できた事象はアラスカで行なわれた地下核兵器実験だけだった。ＴＮＴ五〇〇万トン近くに相当する核兵器が、垂直坑に投下された。これが爆発すると、一秒も経たないうちに周囲のアラスカの地面がゆうに一・五メートルは隆起し、剪断波《せんだんは》（訳注　波の伝播方向と媒体の変化の方向が直交する波）が地球を何周か伝わって、ベル研究所に設置されたタイソンの装置を鳴らしたのだった。議会でＬＩＧＯをめぐる議論がなされたころには、タイソンは別の研究分野に移っていたが、依然として重力波検出の支持者を自任していた。

科学小委員会から証言の要請を受けたが、「かかわらないほうがいい」と思った。すると、罰則つき召喚状を出すと脅された。公聴会まで一カ月もなかったが、プロジェクトの技術的な実現可能性を評価するための工学的な見積もりを作成することに同意した。タイソンはＬＩＧＯを支持する立場で発言した。少なくとも、「エレガントな技術の進展の見込みについては擁護した。今でも彼は「宇宙への新たな窓が存在するなら、のぞいてみるべきです」と言っている。しかし公聴会では、科学的な見返りに関する懸念も簡単に述べた。それは、純然たる技術にさほど熱心でなく、リスクをいやがるほかの者たちと同じ懸念だった。彼はもっと安価で検出の可能性の高い施設と比較すると第一世代のＬＩＧＯのほうが劣ることを示した。そして、天文学に将来世代の検出器が必要となるのはおそらく数十年先のことで、その世代の検出器は今回二億一一〇〇万ドルにまで膨れ上がった予算請求には含まれていないということを示唆した。タイソンはさらに、この巨額の予算が四人（おそらくキップ・ソーン、レイ・ワイス、ロン・ドレーヴァー、ロビー・ヴォート）しか使用する者のいない施設に充《あ》てられることについて不満を述べた。次に引用する彼の証言は、消し去りがたい打撃を与えた。

「地球を一〇〇〇億周するとしましょう……強力な重力波はほんの一瞬、この距離を髪の毛一本の直径にも満たない幅で変えるだけです。測定に使える時間は、〇・一秒にも満たないかもしれません。そして、この極微《きょくび》の事象が起きるのは来月か、それとも来年か、あるいは三〇年後なのか、私たちにはわからないのです」

タイソンは、自分が委員会の召喚に従ったことをソーンかヴォートにもっと早く伝えればよかった、と私に打ち明けた。彼は実際、自分の発言がもたらす影響について懸念を抱き始めていたのだ――ただし、タイソン自身の認めるところによれば、土壇場になってからだったが。タイソンが自分の予定している証言のコピーを彼らに送ったのは、公聴会前夜のことである。

キップ・ソーンはこう言っている。「公聴会の前日、彼からロビーに宛てて証言のコピーがカルテクに配送されてきたのは確かです。しかし、届いたのはロビーがワシントンへ出発したあとだったので、ロビーも、私たちの誰も、トニー・タイソンが議会で発言するまで、彼がどんな話をするのか知りませんでした。私たちは完全に不意を討たれたのです」

ある日の夜遅く、文字に書き起こされた証言を読んだソーンからタイソンに電話がかかってきた。ソーンに厳しく責められたタイソンは、それからしばらく眠れぬ夜を過ごすことになった。タイソンはこのときのことを簡潔にこう述べる。「ロビーの興味深い言葉を引けば――キップは明らかにひどい打撃を受けましたが、それが私にも跳ね返ってきたのです」――一九九一年三月一六日にタイソンに宛てたメールで、ソーンは重力波源に関する自身の推測を擁護し、「私がこの問題に対してどれほど慎重に取り組んできたか」について述べている。さらにこう記している。「率直に言って、『重力波の強さおよび想定される重力波源の発生率は、はなはだしく過大評価されてきました』というあなたやほかの天文学者の考え［タイソンの議会証言からの引用。天文学者に対する非公式な調査も持ち出されているが、タイソンはこの調査を実施したことを悔やんでいる］は、LIGOの計画書や天文学・物理学調査サブパネル報告書で私が行なった推測とはまったく無関係ではないかと私は強く思います」

追伸として、ソーンはこう書き足している。「正直なところ、あなたが証言の中でおっしゃった『はなはだしく過大評価されてきました』というくだりに、私は深く傷つきました。そのせいでこの数日、夜も眠れません。不当だと心から思います。私はこの数年間、推定について［一点の曇りもなく］誠実で正確であろうと多大な努力をしてきました。私が具体的にはどこで間違ったのか教えていただけませんか。あるいは、LIGO計画と私自身の評判の受けたダメージを鎮めるのに力を貸していただけないでしょうか」

三日後、トニー・タイソンはヴォートにファックスを送った。「**当初の証言文書を手直ししました**」と大書《たいしょ》されていた。「はなはだしく」という言葉を削除して、「これまで」という表現を加えた。その結果、修正後の証言文書は「重力波の強さおよび想定される重力波源の発生率は、これまで過大評価されてきました。たいていの人はそう感じています」となった。

証言文書の追加部分は、次のように結ばれている。「個人的に、私は今回のレビューがきわめて苦痛だったと言わざるをえません。このLIGOの問題については、どちらの陣営にも友人がいます。私たちはリスク管理とイノベーションをあらゆる規模で支えるための資金を、なんとしてでも確保する必要があります。個々の研究員の発想から、科学の分野一つを確実に丸ごと生み出せる施設をつくるための大がかりな計画、あるいは特定の目的をもつ大規模な科学プロジェクトのリスクと展望に至るまで、あらゆる規模においてです」

ヴォートは振り返る。「トニーのことは本当にショックでした。まったく考えてもいなかったので。彼は信頼できる人物で、優秀な科学者です。今では、私たちはよい関係にあります。しかしあの証言は破滅的でした」。あのとき、ロビイストは体を寄せてきてこう言った。「完全にやられましたね」

Observatory という名称がよくない？

LIGOのビッグサイエンスとしての性格――通常は、天文学で使う〝観測所〟程度のものではなく、物理学で使う大がかりな〝粒子加速器〟などがもつ性格――に対する不信感から、議会の定めた予算配分に反対するアンチLIGOの動きが強まった。予算の規模をわかりやすく示すと、二億ドルというのは国立科学財団が天文学に充てる年間予算の二倍に相当する（ただし、リッチ・アイザックソンはこう反論する。「これはリンゴとオレンジを比べるようなもので、比較になっていません――LIGOの建設は長年にわたる施設建設プロジェクトであり、それを年間の研究予算と比較しているのですから」）。科学的な見返りをもっともたらすには違いないが、もっと規模の小さい科学研究の健全性が危険にさらされている、という声が上がった。これに対してLIGO側の、そして国立科学財団の主張は、この予算要求によって新たな資金源が確立でき、それに伴って長期的には科学研究に対してもっと多額の資金が確保できるはず、というものだった。財団が助成してきた研究からは一ドルたりとも奪うことなく、ゆくゆくは先見的な機器の開発にもっと多くの資金が使えるようになると思われた。それでも、プリンストン大学の有力な天体物理学者、ジョン・バーコールとジェリー・オストライカーはLIGOに反対した。「プリンストンでは、私に対する反対派が結託していました。LIGOが天文学の予算を奪うのではないかと不安視されたのです。なんとも立派な理由です」と言って、ヴォートは肩をすくめる。

ワイスは、LIGOの正式名称に含まれるobservatory（観測所、天文台）という言葉が論理的な理由（何かを観測しない限り観測所とは呼べない）や金銭的な理由（すでに触れたとおり、もっと安価な検出器との資金をめぐる争い）、社会学的な理由（プロジェクトは天文学というより物理学に近いようなので、天文学の名をかたる資格がない）から警戒心をかき立てたのだと言う。ワイスはこの名称について自分にもいくらか責任があると認め、「観測所」ではなく「施設（facility）」とか「実験（experiment）」などと呼んでいたらどうだったかと考えたりもする。それでもLIGF《ライゲフ》やLIGE《ライジ》はLIGO《ライゴ》ほど響きがよくないということは、誰でも認めざるをえないだろう。

政治的な駆け引き

批判的な動きのせいで、建設が遅れた。ヴォートには議会で強い影響力をもつ味方が必要で、まずは多数党院内総務のジョージ・J・ミッチェル上院議員（民主党、メイン州選出）が味方についた。彼はLIGOをメイン州に誘致したがっていた。LIGOチームはジェット推進研究所の地質学者の協力を得て、二カ所の建設地を探した。その結果、メイン州は完璧だったが、掘削《くっさく》と地ならしが必要なため、費用が計画を少し上回ることが判明した。ミッチェルは、特別債の発行と州からの六〇〇万ドルの出資によって超過費用の調達を助けると約束した。

ヴォートは尋ねた。「おたくの州は金持ちではないのに、LIGOのような理解しがたいもののために債券を発行しようとおっしゃるのはなぜなのですか」。それに対してミッチェルは、信用を得るためだと答えた。メイン州はほかのハイテク施設やバイオ医療施設の誘致も狙っているので、そのためにはLIGOがうってつけだと判断したのだ。州の先進性と意欲の証明として、LIGOを利用したいという考えだった。

ヴォートは議会でプレゼンを行ない、地面振動や地質に関するさまざまな情報に鑑み、ワシントン州ハンフォードとメイン州にLIGOを建設すべきと力強く訴えた。しかし国立科学財団理事長の物理学者にして実業家であるウォルター・マッシーがその場で建設地を決定するのを拒否し、この重要な問題をさらに検討することも拒んだため、ヴォートは退席させられた。のちに思いがけず、ウォルター・マッシーがヴォートをワシントンDCに呼びつけた。上院棟で記者会見を開いて用地の選定結果を発表するので、ヴォートにも応援に来てほしいというのだ。

ヴォートはそのときのやり取りを再現する。「それで私は言ったのです。『ウォルター、どこに決まったのですか？』と。すると向こうは『こちらに来ればわかりますよ』と答えました」

ワシントンDCに着いたヴォートは、ワシントン州ハンフォードとルイジアナ州リヴィングストンに決まったと知って抗議した。「ウォルター、こちらの足をすくったわけですね。ミッチェルは激怒しますよ」。実際、ミッチェルは怒り狂った。メイン州は用地の選定を支援するために多額の投資をしていた。ミッチェルはLIGOを誘致しようと力を尽くしたが、それだけでなく科学的な見地からもメイン州のほうが用地に適していた。あとでヴォートは知ったのだが、この方針転換はひとえに政治的なものだった。共和党政権が、上院の多数党院内総務を務める民主党のミッチェルを困らせてやろうと決めたのだ。メイン州のために尽力したヴォートだったが、議会で味方となってくれたミッチェルを失った。議会はまだ建設費の支出を承認していなかった。議会の基準では、金額自体は大したものではなく、国の予算全体からすればわずかな支出だった。金額よりも測りにくいが大事なのは、政治的な価値だった。

国立科学財団のリッチ・アイザックソンの証言では、細かい点が違っている。当初はほかにもたくさんの場所が検討された。軍の基地や私有地、砂漠や沼地などさまざまなタイプの土地が、そして地理的にも西部のユタ州やカリフォルニア州、東海岸、そしてそれらのあいだに位置する多数の場所が候補に上がった。ヴォートは、二〇カ所近い候補地を組み合わせた一〇〇以上のペアに優先順位はつけないでリストを作成し、財団に提出した。順位のないリストを見せられた財団理事長は、二つの委員会を別々に招集し、二基の検出器の相対的な位置関係、地面振動関連の要素、費用、用地確保の難易度、それ以外にも最適なペアを選び抜くのに使えそうなあらゆる重要な基準をもって、各ペアを厳しく検分した。最終的に、理事長は自らの判断力と特権を行使した。アイザックソンは首を振りながらきっぱりと言い切る。「財団が判断の基準とするのは科学であって、政治ではありません」

カルテクの実験家には寝耳に水の「LIGO始動」

ともかくヴォートには、議会で新たな味方が必要だった。そこで、ロビイストにこう命じた。「ジョンストンと面会する約束を取ってくれ」。すると「それは難しいと思います」と釘を刺された。そして実際に難しかった。最初の二〇分を確保するのに、ロビイストがかなりの代償を支払ったはずだとヴォートは確信している。しかしその最初の二〇分でヴォートは相手の気持ちをつかみ、面会時間を二時間に延長することに成功した。ルイジアナ州選出のJ・ベネット・ジョンストン上院議員は宇宙論に強く関心を引かれたので、あとの約束をいくつかキャンセルして、州に干渉計を建設するという展望に向けて動きだした。これがのちのLIGOリヴィングストン観測所（LLO）だ。しまいにはヴォート教授とジョンストン上院議員が床の上であぐらをかいて、宇宙が始まったときの時空の図を描き、自分たちの受け取った〝宇宙〟という遺産が心地よい精妙さを帯びていくようすを追った。話がまとまり、用地が確保され、資金が計上された。政治絡みの厳しい闘いは二年間続いたが、議会がようやくLIGOの建設費用としてカルテクに対する二億ドルの配分を承認した。

ヴォートは言う。「あれは私の手柄です。私が資金を獲得したのです。あのときは大変でした。でもとにかく勝利を目指して……勝つことができました。勝つのは気持ちがいい」

にわかにLIGOはカルテクが試みた史上最大のプロジェクトとなった（ボイジャーなどの超巨大ミッションを誇るジェット推進研究所は除く）。カルテクの科学者たちは、わき目もふらずに自分の研究に没頭し、実験室にこもり、学界政治の情報など伝わってこないことに満足していた。そんな彼らには、第一世代の装置をつくるために二億ドルが約束されたプロジェクトを指すLIGOという略称も初耳だった。ソーンはカルテクにいる誰もが情報を共有して協力してくれるようにと入念に手を回していたが、実験室からはおそらくたくさんの当惑した実験家があっけにとられながら出てきて、この重大な知らせに耳を傾けていた。

いよいよLIGOは本格的に始動できることになった。用地を整備し（ただし時間がかかった)、建物を建設し、その建物の中でそれから二〇年かけて現在の装置をつくり出した。少しずつ組み立てたかと思うと解体し、またやり直して、動脈を流れる血液のように熱く真っ赤な光を二本の太いパイプに送り込んだ。といっても、赤い光がパイプの中を流れたのは、ヴォートが解任されたあとのことになる。

権威嫌いの「スカンクワークス方式」

二億ドルという数字は巨額に聞こえるが、それすら最低限にすぎないとヴォートは理解していた。彼は最後には彼本来のやり方で、プロジェクトを動かすことができるはずだと思っていた。管理当局の干渉など受けず、ただ世界トップクラスの科学者だけを集めて、週に七日、一日一六時間働いてもらうつもりだった。

ヴォートがいささか偏執的な強引さで、新たな研究スタッフと大学院を出たばかりの多数のポスドク助手を追い立てていたのだろうと、教授陣の一部は推測している。チームには、ビジョンをもって全力投球するリーダーがいた。士気は高まったが、緊張感も強かった。プロジェクトの科学的な実行可能性にも疑問がないわけではなかった。グループ外の科学者から、反発や疑念が示された。ヴォートはそうした正体不明の敵という脅威を利用して自分の地味なチームを奮い立たせ、チームを結束させることで排他性と忠誠を維持した。つまり、スカンクワークス方式と呼ばれるやり方を実践したのだ。制約なくイノベーションが実現できるように、限られた任務に特化した小さなチームに資金を与えて、隔離し、ほとんど秘密裏に事を進めるというやり方である。スカンクワークスにおいては、チームが官僚的な管理体制に従属することは求められず、組織構造にありがちなヒエラルキーもない。

〝スカンクワークス〟という名称は、航空宇宙産業と防衛産業に携わるロッキード・マーティン社の先進開発計画に由来する。ユートピア的な色合いをもつこの呼称はそのイメージ上、制約のないインキュベーションとは切っても切り離せない。ロッキードは一九四三年にバーバンクで、近くのプラスティック工場から流れてくる不快なにおいがこもるサーカス用テントに陣取り、アメリカ初のジェット戦闘機、P-80シューティングスターを半年ほどで開発した。研究開発にあたった技術者たちは、新聞連載マンガ『リルアブナー』に出てくるスコンクワークスという密造酒工場から漏れ出るとされたにおいに匹敵する悪臭がしたと、巧みに表現した。この工場の名前が少しだけ変化して、ロッキードのプロジェクトを指す通称となった。

ヴォートのスカンクワークス方式の管理スタイルは、彼の典型的な権威嫌いに端を発していた。彼は上役による監督を軽侮《けいぶ》していて、その心情がしばしば彼を動かしていた。彼が自らLIGO統括責任者のポストに就いたのも、まさにこの権威嫌いゆえだった。自分が候補に上がったときにもう一人の候補者の名前を聞き、「あのバカが責任者なんてありえない」と思った彼は、すべての者を救うためにやむをえず引き受けたのだった。彼はこう言っている。「私は役職に就くと必ず、自分の上の役職者がバカだと感じ、最も重要な任務を負っているのは自分だと思わずにいられませんでした。出世のはしごを上がっていっても、いつも私の上にはバカがいました」。この問題がいつまでも続くのを避けようと、ヴォートは国立科学財団を含めて誰も自分の上には立たせまいと決意していた。財団には資金だけ出させて、業務への口出しはさせない。基本的に官僚的な管理体制は設けず、財団に対してもほかの誰に対しても、科学者は自分の下す重大な決定の正当性を証明する義務を負わないこととするつもりだった。

「当局が権力を求めるなら、私の尊敬を勝ち得る必要があります。相手が官僚主義者なら、私はまったく尊敬しません。そして、尊敬しない相手には協力しません。私が協力したことなどこのところ絶えてないし、それでずいぶんトラブルにも巻き込まれました。しかし自分の望んだとおりの生き方をすることで、個人的に心地よさを覚えています」

ヴォートはこう考えるに至った背景について、「ナチスの支配下で暮らしたことのある人なら、誰でも権威は嫌いなはずです」と説明する。

彼は父親のことを、エジプト学をやっていた学者で、非常に皮肉っぽくて遠慮なくものを言い、ナチスの台頭に激しく反対したと、愛情を込めて語る。母親は政治に関心がなかった。実父の事業を受け継いだ経営者だったのだ。ヴォートはここでふと私のご機嫌をとった。

「ちなみに私は、女性は偉いと思う偏見を常に抱いてきました。女性は男性と対等な権利が与えられていないと感じたからです。私が白馬の騎士とか善良な人間だったからではありませんよ。なぜ女性が偉いと思うかというと、母が祖父の一人娘だったせいで大きな工場を経営していたからです。……そして私は母に敬服していました。この世で一番きれいで、この世で一番有能な女性でした。……母は私を工場に連れていってくれて、それで私は工場のことが理解できました。……それから、とてもすばらしい女性の教授たちにも出会いました。だから私は聡明な女性を偉いと思う偏見をもつようになったのです」

「それはよい偏見ですね」と私も彼をほめる。

カルテクアーカイブズの係員はすでにオフィスの鍵を用意し、公式文書を集めている。資料を選別するために、部屋には業務用サイズのゴミ容器が置いてある。廃棄に使うのか、それとも運搬のためなのか、私にはどちらかわからない。ヴォートが存在した証拠は、研究者が閲覧できるように、アーカイブズに収蔵されるはずだ。彼は父親となり、功績のある科学者となり、科学界で影響力をもつリーダーとなった。気分屋で威嚇的。猛々《たけだけ》しいが繊細。断固として忠誠を求める反権威主義者。一九四五年の五月のある日、彼は自己の人生の物語を新たにつづり始めたのだが、自分の体験した歴史が彼を突き動かす原動力であるのに変わりはない。

消えないナチスの影

ナチスのもとでたくさんのドイツ国民が苦しんだ。ヴォートはそのことを私に理解させようとする。「ユダヤ人でないドイツ人はユダヤ人のような犠牲者にはなりませんでしたが、ナチス政権下の生活は言葉にできないほどでした」と言いながらも、彼はそれを言葉にしようと試みる。「当時、ナチスは国民が自分たちに逆らえないようにするのに効果絶大な手を使っていました。男性を逮捕すると、妻も逮捕したのです」。こうして政治犯の子どもを孤児にして兵学校に入れ、それから戦争に送り出す。一四歳なら少年兵の一団を任せることができる。子どもには「弾丸を止めることのできる体があり、必要なのはそれだけだった」のだ。子どもには軍事訓練を受けさせず、つるはしとシャベルを持たせる。一九四四年にイギリス軍が攻め入ってくると、ドイツ軍はバズーカ砲やライフル銃を撃ち、この「子どもたち」を戦闘に送り込んだ。誰も生きて帰ることはできない。ヴォートがナチスの暴虐を語るとき、権力に対する怒りと根深い侮蔑がはっきりとあらわになる。「政府は国民に対して権力をもち、それを冷酷に濫用したのです」

こうした話の脱線はこちらから求めたわけではなく、唐突に始まった。衝動的に語る一方で、彼は口をついて出てくる語りの勢いを抑えたがっているようにも見える。砂時計を思い描いてそれをひっくり返すような動作をしてから、テーブルを強く叩く。「一九四五年五月八日、私の世界が覆《くつがえ》りました。それで私は新たに人生のスタートを切ったわけです」

八〇代半ばとなったヴォートが、しおれたランの向こうから私を見つめる。彼の語る話は、愉快なものから悲惨なものまで多岐にわたる。彼は強引でありながら繊細でもあるが（「朝はいつもつらくてね」と彼は口にする）、それは明らかに、彼が消し去りたいと願う時代のもたらしたダメージは決して消えることがないからだ。彼は自分が科学者として社会に果たした貢献を記憶にとどめておきたいと思っている。ボイジャーを、そして地球上で最大の光学赤外望遠鏡を擁するケック天文台を（ヴォートはケックの資金調達で中心的な役割を果たした)。LIGOさえ記憶にとどめたがっている。彼は科学の擁護者として、第二の祖国の擁護者として、そしてその国の市民と理想の擁護者として、今も果てることのない義務感を抱いている。

彼が記憶から消したがっている一五年間が終幕を迎えたのがそもそも、連合軍の侵攻によっていた。子ども時代について私が質問を始めると、当時の記憶に彼が苦痛を覚えるのが見て取れる。視線をあたりにさまよわせるが、そのじつ、心の中を見回しているのだ。彼はそれから遠ざかりたがっている。私は語られる事実に混乱し、単純な質問しかできなくなる。彼は短く簡潔に答える。話の枝葉は切り落とされ、語り口は慎重で、彼はどうやらこの恐ろしい迷路から脱出するのに最も簡単で直接的な方法として、最小限の事実で短い橋を架けることにしたらしい。「私は有名人になろうとは思わないし、誰かのヒーローになりたいとも思いません。ただの無名の存在でありたいのです」

彼は数呼吸間だけ私を見つめる。インタビューは五時間以上に及んだが、彼が黙り込んだのはこのときだけだ。本当のことはわからないが、打ち明け話をする相手として私が信頼に足るか見極めようとしている気がする。インタビューを始めてから今までになくじっとこちらを見つめる。私を信頼して答えるべきか判断するための手がかりを探っているのかもしれない。私は眼を見開き、期待に満ちて、彼の探索に応じる。ふだん、ヴォートは小声で話したりしないのだが、このときは小声で答える。「役職に就くことを望んでいたか、ですか。いいえ。権威は大嫌いですから。それに権威を行使することは……人を堕落させてしまいます」

12章 賭け

物理学者は賭けがお好き

スティーヴン・ホーキングは科学に関する賭けを好んでするが、弱いことで知られている。何度となく公開で賭けをしたが、勝ったことは一度もない。カルテクの理論家ジョン・プレスキルを相手に、〝情報はブラックホールから逃れられず、ホーキングが発見して自分の名をつけたホーキング放射においてさえそうである〟という説を支持する賭けをしたことがある。そして、賭けに勝ったプレスキルを含めて、結論を出すには時期尚早《じきしょうそう》だと考える人はおそらくたくさんいたのだが、ホーキングは負けを認めた。ソーンもホーキングと同じ側で賭けに加わったが、まだ負けを認めていない。

ホーキングは、私たちの物質的現実のパズルにおいてピースをつなぎ留める〝ヒッグス粒子〟が発見されることはないという賭けもしていた。素粒子実験物理学者のレオン・レーダーマンは、ヒッグス粒子を「くそったれ《ゴッダム》素粒子」と呼んだことで知られる。出版社がこの呼び名に抵抗したので、彼の著書は『神《ゴッド》の素粒子』というタイトルになった（邦訳書は『神がつくった究極の素粒子』高橋健次訳、草思社）。そして残念ながら、こちらの立派な呼び名が定着してしまった。ヒッグス粒子が発見され、ノーベル賞が与えられ、その発見は失望であり（もう探すべきものはないのか？）、また勝利でもあった（ついに見つかった！）。ホーキングは同僚のゴードン・ケインに一〇〇ドルを支払った。

ホーキングがこれまでに手を出した最も妙な賭けといえば、殺し屋エイリアンだか殺し屋ロボットだかをめぐる、いつまでも結果が出そうにないものなので、もしかするとこれが彼の最良の賭けとなるかもしれない。

ホーキングの賭けはたちが悪い――賭けをせずにいられないという点で悪いのではなく、儲からないという点で悪いだけだが――と批判してしまうと、彼の最もよく知られた賭けで明らかになった事実を見過ごすことになるかもしれない。ホーキングはソーンを相手に、地球から絶えず観測できる最も明るいX線源（既知のX線源のなかで最も明るいというわけではない）である〝はくちょう座X－1〟にブラックホールは存在しないという賭けをした。賭けをしたのは、はくちょう座からのX線が最初に検出されて一〇年後にあたる一九七四年だった。ホーキングはこのころすでにブラックホールに深く傾倒していて、ブラックホールが蒸発するという可能性に気づいたことで名声を確立していた。彼はふざけて両方の側に賭けることもあった。賭けの口上はこんなふうに始まる。「スティーヴン・ホーキングは一般相対論とブラックホールに大きな投資をしており、保険を求めている。対するキップ・ソーンは、保険など掛けずに危険な生き方をするのを好む……」。一九九〇年、ホーキングと彼の取り巻きが負けを認めようとソーンの研究室に押しかけたが、部屋は空っぽだった。ソーンはソ連に出かけていたのだ。賭けの証書はホーキングの拇印で封印されていた。約束どおり、ホーキングはアダルト雑誌の購読料を支払ったが、それが「ソーンのリベラルな妻の怒りに触れた」。少なくともそううわさされている。「怒ってなどいません」と、ソーンのリベラルな妻、キャロリー・ジョイス・ウィンスタインは言う。「何より驚いたのです……女性運動が盛んになって、この手のものに関する意識も高まったと思っていたので。でも、そんなことにはまったくなっていなかった、というのがはっきりしました。マスコミはそんな重たい話は避けたいので、『妻の怒りに触れた』というありがちな話にまとめられてしまったのです」。お高くとまったところのまるでないキャロリーは、この一件をけっこうおもしろがっている。

日々高まっていった、「重力波あり」のオッズ

ソーンは友人のホーキングと比べて賭けが強い。期限のない賭けには全勝している、と彼は豪語する。期限を設けた賭けでは、精力的な天体物理学者のジェリー・オストライカーに負けたことがある。ちなみにオストライカーは、はくちょう座X-1からのX線放射に関する理論に貢献している。

ロビー・ヴォートが連邦議会で資金の確保に奮闘したのと同じように、キップ・ソーンは科学研究の最前線で闘った。ジェリー・オストライカーは、一九八〇年代にソーンがプリンストンの聴衆を相手に行なった熱気に満ちた講演を聴いたことがある。講演中にソーンを困らせてやろうと思ったわけではないが、「この数字はどこから出てくるのだろう」と考えていた。ソーンはそれらの数字を使って、LIGOで検出できるほど強い重力波の発生源として予想されるものに言及していた。オストライカーは、重力波が天体系によって生じるとする説には納得したが、ソーンの熱意もっともだと感じられるほどの強さや頻度で重力波が発生するとは思えなかった。

ソーンは自身の楽観的な見方に対するこうした批判を以前から耳にしているが、参考文献、記録文書、公表された図表を示して粘り強く反論する。「ここに〝定説〟を表す直線がありますね」と言って、ソーンは一九八〇年に発表した論文の図を指し示す。「これを見ると、『重力の性質や私たちの宇宙の天体物理学的構造に関する定説から逸脱することなく、どのくらい強い重力波が存在しえるのか』という問いの答えがわかります。それによると、空はものすごく騒々しいということになります。実際にそんなに強い重力波が存在するとは、私は一度も言っていませんが」。一九八〇年の論文で、ソーンはこんなことを述べている。「しかし、現在または最近の流行と目《もく》される宇宙モデルによれば、「バーストが発する信号のような」最も強力なものでも〝定説〟の直線をはるかに下回ることが予想される」。その後、そうした流行のモデルのいくつかは流行遅れとなったが、今日《こんにち》の高性能な検出器の感度域に入るような高感度の検出器を求める動きは絶えることがなかった（一九七八年に開かれた学会のために、「10^{-21}でなければダメ」と書かれたＴシャツさえつくられた）。ジェリー・オストライカーと、同じくプリンストン大学のジョン・バーコールは、おそらく誰よりも激しくＬＩＧＯを批判した。説得力と魅力を兼ね備えたＬＩＧＯ推進派（伝道者と言われることもあった）のソーンは、同僚や議会の考えを変える必要があった。議会は何らかの保証や確実性がない限り、大規模で長期にわたる科学ミッションにはゴーサインを出そうとしないのだ。ソーンは、ＬＩＧＯが高い確率で検出できる合理的な天体信号の存在について、確固たる科学的主張をしようと思えばできる。何かが聞こえるはずだ。おそらく。ほぼ確実に。しかし、今でもソーンは絶対に確実とは言おうとしない。

初期の印象がどうだったにせよ、いくつかの重力波源の現実性はもはや議論の余地がない。ＬＩＧＯが本命視しているのはコンパクト連星である。ほかにもまだ確認されていないものがいろいろあるにしても、存在が確認されているもののなかでは、地球上に設置された重力波観測所にとって確実に検出できそうな波源がコンパクト連星なのだ。〝コンパクト〟という言葉は、崩壊して死んだ恒星、すなわち白色矮星《はくしょくわいせい》、中性子星、ブラックホールを指す。ここでいうコンパクトとは、ごく小さな体積に莫大な質量が詰まっているということである。そして死んでいるというのは、輝くとしても強烈な光は放たないという意味だ。

ワイスが最初にＬＩＧＯを思い描いたとき、重力波源の存在はさほど確実ではなかった。毎度長々と説明するのが面倒になったホイーラーがブラックホールという名前をつけてから二〇年が過ぎていたが、高名な天体物理学者たちは理論にもとづく証拠には動じなかった。

当然ながら、彼らはもっと確かな証拠を求めた。つまり、観測による証拠を出せということだ。しかし観測による証拠が蓄積されてもなお、観測結果についてはブラックホールが中心に存在するという以外の説明が常に考えられた。しかもそうした〝代案〟はどんどん精巧なものになっていった（ガス雲のせいでデータが歪《ゆが》んでいるとか、それ以外の歪みが生じているのではないかといった説が出された）。「オッカムのかみそりの逆ですね」とワイスは言う。「やたらと複雑で恣意的な説明だということです」。そっけない一言がすべてを語る。「MITに行って、ブラックホールの検出に使う金をくれなんて言えませんよ。教授陣のなかでもとりわけ尊敬されている人たちが、ブラックホールなど実在しないと思っているのですから」

それでも、熱意はしだいに広がっていった。パルサーが発見されたことにより、多くの科学者が中性子星の存在を確信するようになった。明るい超新星の残骸の中に〝かにパルサー〟が発見されると、科学コミュニティーは、少なくとも一部の恒星については重力崩壊の最終状態が中性子星なのだという見方に傾いた。はくちょう座X-1のような明るいX線源から、ブラックホールが存在する証拠も得られた。そして決定打となったのは、ハルス＝テイラー・パルサーによって、重力波へと転換する形でのエネルギー喪失が間接的に確認されたことだった。恒星は小さくて超高密度のコンパクト天体となって死ぬのだと確信する人が増えて、重力波源が存在する確実性も高まった。問題は〝どのくらいあるのか〟に変わった。

LIGO建設に見合う「確率」はどれくらいか

白色矮星や中性子星は輝きがきわめて弱い。遠く離れた銀河系外にあれば、私たちからは見ることができない。それらの星が私たちのいる天の川銀河の中にあれば存在の証拠が見られるが、この銀河は差し渡し一〇万光年ほどしかない。私たちの最も近くにある大きな銀河、アンドロメダまでは二五〇万光年ほど離れている。超新星なら遠くの銀河にあっても見えるが、超新星爆発のあとに残る崩壊したコアは輝きが弱く、数百万光年や数十億光年も離れていたら見ることができない。よその銀河については、私たち自身の銀河に関する知見をもとにして推定するしかない。観測可能な宇宙には莫大な数の銀河が存在し、それぞれが莫大な数の恒星を宿している。数千億の銀河のそれぞれに数千億の恒星があり、それらに混ざって死んだ恒星の残骸も存在しているに違いない。しかし銀河系外のコンパクト天体は、輝きが弱すぎて望遠鏡では見つけることができない。

このようにたくさん存在するコンパクト天体のうち、望遠鏡で見ることができないものも重力波検出器を使って見つけることを目指すのがLIGOだ。コンパクト天体といえども、単独でじっとしているだけでは重力波を放出しない。ドラムスティックを置いたままではドラムは鳴らせず、スティックを動かす必要があるのと同じだ。質量の凝縮を加速させて、重力波にエネルギーを分け与えなくてはならない。ハルス＝テイラー・パルサーは、ほかの中性子星を周回しながら加速する。崩壊したコアをつくり出す超新星爆発から連星となる相手が放出されることもあるが、おそらくたいていの恒星系はペアで生まれてペアで死んでいく。

LIGOが探している中性子星やブラックホールはみな、連星として生涯を終える（白色矮星の連星が時空を鳴り響かせるときの音は、LIGOの検出域より低い）。コンパクト天体が互いを周回するうちにいわばドラムスティックの動きが速まり、周囲の時空の歪みが引っ張られて渦を描くと、重力波が放出される。

このあたりから、合体へと突き進む勢いが加速する。コンパクト連星は軌道エネルギーを消費して、自らの軌道の後ろに時空のさざ波を立てる。そして二つの天体は周回しながら少しずつ接近していく。この動きをインスパイラルという。死んだ恒星は周回するたびに少しずつ互いに近づくので、一周するのにかかる時間が少しずつ短くなる。

コンパクト連星に限らず、あらゆる連星が重力波を放つ。太陽系からの影響で軌道に変化が起きない限り、地球は周回しながらゆっくり太陽に近づき、その際に軌道エネルギーが失われて重力波が生じる。月は周回しながら地球に近づき、太陽は周回しながら天の川銀河の中心に近づいていくが、これらの動きはみな途方もなくゆるやかで、そこから生じる重力波は検知できないほど弱い。検知できるようになるまでには、宇宙の年齢などよりもずっと長い時間がかかるだろう。それより先に、太陽が死んでしまうのは確実である。天の川銀河はアンドロメダ銀河に衝突するに違いない。人類がこの地球で重力波干渉計を使ってその破滅的事象を検出する確率は、あまり高くないはずだ。ホーキングなら、おもしろがってそれに賭けるかもしれない。

「しかしLIGOには、コンパクト天体のペアによるインスパイラルの最終段階の音を聞ける見込みがある。ブラックホールが衝突したときの最後の瞬間を想像してほしい。たとえば直径六〇キロメートルのブラックホール二つが宇宙にあって、光速にかなり近い速度で毎秒何百回か周回し、最後に衝突して合体する。この運動が時空を鳴り響かせ、その音量は波動が地球を通過するときに私たちがその激烈な事象を耳で聞くことができるほどだ。検出器にぶつかるときまで十分な音量を保てるのは、最終段階で放たれる重力波だけである。私たちの銀河だけで観測をしていたら、数十億年の寿命をもつコンパクト連星の最後の一五分間をとらえられる確率は、やる気が失せるくらい低い。

いまだ不確かな見積もりではあるが、天の川銀河では、一万年に一回くらい中性子星どうしの衝突が起きているかもしれない。数十万年に一回くらい、中性子星とブラックホールが衝突しているかもしれない。ブラックホールどうしの衝突は、数百万年に一度くらいだろうか。だから、私たちの銀河で起きるコンパクト連星の衝突だけを記録するために五〇年かけてＬＩＧＯを建設するとなれば、こんなにばかげたことはあるまい。

第一世代のＬＩＧＯがカバーする領域では足りない

ＬＩＧＯが科学的に妥当なタイムスケールで（たとえば運用開始から一年以内に）ブラックホールの衝突を記録するには、数百万個の銀河で生じる宇宙の響きを記録しなくてはならない。しかしよその銀河は遠く離れているので、ＬＩＧＯがもっとたくさんの重力波源候補を観測可能な範囲内に収めるには、膨大な距離をカバーして探索する必要がある。しかし遠くの天体ほど輝きが弱いので、第一世代のＬＩＧＯでは六回の科学運用を行なったが、期待できたのは、近くのおとめ座銀河団まで探った場合におよそ四五〇〇万光年の範囲内の中性子星連星が検出されること、そしてもう少し遠くのブラックホール連星が検出されることだけだった。これはずいぶん遠い距離だと思われるかもしれないが、じつは十分とは言えない。実際、何も聞こえなかった。

数十年前にソーンがプリンストンで講演したあと、オストライカーは気になっていた点を質問した。「あなたのおっしゃる数字はどこから出てくるのですか」。第一世代の検出器が何らかの音を高い確率で聞くには、音の発生源がたくさん存在する必要がある。そうでなければ分が悪い。発生源の数に関する理論上の推定は、きわめて不確かだった。最大の数字は少なくとも物理法則に反しないが、自分たちが目標としているのはいつも最小の数字だとソーンはよく言っていた。天文学畑のオストライカーから見れば、定説の数字は真実から目をそむけさせる、天文学的な現実性を逸脱するものだった。

今からおよそ三〇年前、ソーンは二〇世紀が終わるまでにＬＩＧＯが重力波を検出するという予想に賭けていた。オストライカーは自信たっぷりに、検出しないほうに賭けていた。オストライカーは検出がなされたと認定するための、理にかなった科学的条件をいくつか持ち出した。たとえば、重力波検出を少なくとも二つのグループが認めて、各グループの行なった検出の分析が適正であることを相手グループが認めなくてはならないとした。しかし結果的には、それらの条件は不要だった。二〇〇〇年一月一日が過ぎても、完成したばかりの第一世代のLIGOはまだデータを集めていなかったのだ。オストライカーはこう語る。

「彼の部屋の壁からいつのまにか私との賭けの証書が消えていました」

ソーンの言い分はこうだ。「言っておきますが、私が負けを認めてサインするために何日か壁から外したときを除いて、証書はずっと壁に貼ってあったはずですよ」

オストライカー本人の弁によれば、彼はすぐには支払いを要求しなかった。代わりにソーンの友人たちに訊いて回った。「キップはどうしている？」と。このしつこいふるまいによって、友人たちから賭けのことをソーンに思い出させた。

しかし、ソーンは異議を唱える。「ジェリーは明らかに勘違いしています。二〇〇〇年一月一日に、私は賭けに負けました。ジェリーからもらった心温まる手紙がとってあります。手書きで、二〇〇〇年四月一八日の日付が入っていました。『ごていねいなお手紙ととてもおいしいワインをありがとうございました！　私とジム・ガン、ボフダン・パチンスキ、スコット・トレメイン、マーティン・リースでいただき、貴殿の健康と重力波検出の成功全般およびLIGOの成功を祈願して乾杯しました。敬白　ジェリー・O』と書かれていましたよ」

最終的には「自然の恵み」待ち

LIGOについて「かなりの不快感」を抱く天体物理学者は多数にのぼり、ジェリー・オストライカーはそのうちの一人にすぎない。彼は特にしかるべき順序が踏まれなかったことを指摘する。〈天文学と天体物理学の一〇年計画〉という重要な制度があり、これは研究ミッションに優先順位をつけて今後一〇年間の計画を策定する。この計画策定は科学の自治において重要なものであり、今までにオストライカーは三回これに携《たずさ》わっている。ジョン・バーコールがLIGOを検討することさえ拒んだかどうかについてはいくらか議論があるが、LIGOが一度もリストに載らなかったのは確かだ。オストライカーは、過去何十年間も主要なプロジェクトはすべて一〇年計画で精査してきたのに、LIGOがその手順を踏まなかったことが気に入らなかった。大学院生ではなくトンネルのために資金を投入するとはなにごとかと、彼は憤慨していた。ほかの者も同様だった。

この点について、ソーンは反論する。「大事なのは、LIGOが国立科学財団の天文学部門ではなく物理学部門から資金を得ていたことだ。天文学部門は、影響を及ぼすようなになる点でも関与していません。資金は常に物理学部門から来ていた。

LIGOは物理学一〇年計画委員会の精査を受けました。……新たな資金調達ルートが確立するまで、LIGOは財団の物理学部門から資金を得ていたのです。LIGOの承認においては、一九八〇年代の半ば以降、ガーウィンみたいな切れ者の物理学者たちが居並ぶ審査委員会で膨大な数のレビューを経たことがものを言いました。財団がそうしたレビューをせずにLIGOを承認することなどありえない」

ソーンには人の気持ちを動かす力が備わっているが、ある批評家（匿名を希望した）はこの力を生み出した要因としてモルモン教の生育環境を挙げた。ソーンはモルモン教徒にありがちな説教めいた長広舌《ちょうこうぜつ》、男女差別、信心深さからは脱却しているが、この批評家が指摘したのは、彼が正当な目的のためとあらば人を説き伏せようとする衝動をもち続けており、LIGOがまさに正当な目的だったということだ。途方もない支出と莫大なリスクが待ち受けていたにもかかわらず、LIGOが資金を確保できたのはなぜか。それは、ソーンが相手の心をしっかりつかみ、説得力をもってLIGOを擁護したからだ。彼はまた科学に関して非常に緻密で、最新技術に関する分析と吟味において明晰で、ぶれない姿勢ゆえに尊敬されていた。ソーンは信じる気持ちを引き出すことのできる人物なのだ。

第一世代のLIGOは、技術的には成功した。しかし何も検出できなかった。何十億光年もの距離を隔てたごくかすかなさえずり音を記録するには、さらに一段上の技術的難題を克服する必要があるのだ。改良型《アドバンスト》LIGOは一〇億光年先までカバーして、私たちが数百万個の銀河に手を伸ばせる距離まで到達できるように設計されている。天文学者たちは恒星の数、サイズ、寿命を慎重に推定し、その音を聴取可能なエリアで合体するコンパクト連星の個数を予測しようと試みている。要は、LIGOで検出できる重力波源が存在することは間違いない、と断言できる。現在の個数推定をめぐっては悲観論者も楽観論者も等しく声高に議論を続けているが、重力波源があること自体は確実なのだ。ただし依然として、私たちが生きているあいだに検出可能な領域内でコンパクト天体のペアが衝突するという保証はない。

私たちにできるのは、自然の気前のよさをただあてにすることだけである。LIGOの科学運用を始めてから妥当な期間内に、つまり二〇年や三〇年ではなく一、二年以内に、宇宙のサウンドトラックをＬＩＧＯが聞き取るのに十分な重力波源が与えられるのを期待するしかないのだ。数年以内に検出が実現しなければ、施設の運用を続けようという意欲はおそらく失せてしまうだろう。ＬＩＧＯはまた、〝投資〟対〝見返り〟の計算の正当性を証明するだけでは足りない。〝天文学をする〟必要もあるのだ。この要求によって、多くの者が不安を抱き、また多くの者がＬＩＧＯで探索できる天体物理学の範囲を広げるべく肩の凝るような計算に駆り立てられた。ＬＩＧＯには相変わらずさまざまな批判が寄せられているので、天体物理学コミュニティー全体に対してその存在意義を証明する必要があるだろう。それが依然としてこのコラボレーションにとって問題となっている。十分な見返りが得られるのか？　支出に見合う科学的成果は得られるのか？

現在のところ、検出可能性に肉迫しているのはＬＩＧＯだけなので、ジェリー・オストライカーの出した〝重力波検出を少なくとも二つのグループが認めて、各グループの行なった検出の分析が適正であることを相手グループが認めなくてはならない〟という条件を満たすことはできない。しかしそのオストライカーも、望遠鏡での観測と一致した検出がなされれば自分も納得するだろうと言っている。強烈な音と光の両方を放つ事象——超新星爆発や、高密度の超伝導磁石とも言える中性子星が互いに衝突したときの明るいバースト——が観測されれば認めよう、ということだ。今では改良型《アドバンスト》ＬＩＧＯがほぼその段階に到達しているので、オストライカーは関心とオープンな姿勢を見せている。そして多くの科学者と同様、彼も喜んで科学的な見返りを享受するだろう。それでも彼は、ＬＩＧＯの科学者と別の賭けをしている。といっても、相手はソーンではない。この賭けでオストライカーは、二〇一九年一月一日までに重力波が観測されて、それが望遠鏡による観測と一致して確証されることはないというほうに賭けている。

遠い将来、私たちがこれまでに歩んできた時間よりもはるかに長い時間の過ぎたあとになることは確実だが（私たちの歴史は一三八億年だが、ここでいう遠い将来はグーゴルプレックス［$10^{10^{100}}$］年先かもしれない）、宇宙の恒星すべての燃料が尽きる日が訪れるはずだ。崩壊してブラックホールになることのできる恒星は、ブラックホールになるだろう。やがてすべてが恒星質量のブラックホールの中に落ち込み、そのブラックホールが超大質量のブラックホールに呑み込まれ、さらに宇宙のすべてのブラックホールが最後には蒸発してホーキング放射を起こすだろう。これにはとても長い時間がかかる（「永遠とは非常に長い時間である。とりわけ終わりが近いときには」〔訳注　もとはウディ・アレンの言葉とされるが、ホーキングがテレビ出演した際に引用している〕）。ホーキング放射は膨れ上がる虚空を満たすことができず、絶えず膨張する宇宙ですべて消散する。そして宇宙の光は消える。やがてすべての素粒子が孤独となり、頭上に明るい天空はなく、足元に輝く太陽系も存在しなくなる。今のところ、私たちはここにいて、音はなかなか聞こえてこないにしても、空は明るい。私たちは、「空はけっこう騒がしい」というほうに賭けたのだ。

13章　藪の中

LIGOグループに生じた亀裂

一九八七年までに、ロン・ドレーヴァーはトロイカ体制の解消を受け入れ、そのあとにロビー・ヴォートを統括責任者とするヒエラルキーを導入することも了承した。選択の余地はなかった。当然ながら、この結末へ至る前に彼はワシントンへ飛び、沈んだようすで国立科学財団のリッチ・アイザックソンと何回か会った。アイザックソンはドレーヴァーに対し、意思決定権をもつ統括責任者を一人だけ置く体制を受け入れるか、さもなくばこのプロジェクト自体を終わらせるしかないということを忍耐強く、しかし折れることなく（ソーンによれば「単刀直入に」）諭《さと》した。

統括責任者に就任してしばらくのあいだ、ヴォートはさまざまな組織改革を断行し、気難しい性格をあらわにして隠そうともしなかった。それでもドレーヴァーは、必ずしも不満ではなかったと自ら認める。プロジェクトの運営全体が以前よりも手際よく効果的となり、資金も潤沢になった。ドレーヴァーは当初、自分の下す技術上の決定すべてが即座に実行されるわけではないことには不服だったが、ヴォートのことは「まあ悪くない」と思った。しかし、国立科学財団がこのプロジェクトからの直接の声としてヴォートの話だけに耳を傾けるようになるのではないかと感じた（ほかの者はこの見方が偏《かたよ》っていると考え、財団に対してグループでプレゼンをしたではないかと指摘する）。ドレーヴァーは、自分の支配力が失われていくのを徐々に感じ始めた。ヴォートが情報の流れをがっちりと押さえているので――これはドレーヴァーの抱いた印象であって、それ以外の、たとえばソーンなどの印象ではない――チームのほかの者がすべてのレベルで作業の進捗《しんちょく》状況を完全に把握するのは難しいと、ドレーヴァーは不満をこぼした。そしてまた、計画書を作成するために研究の進行が遅れることも危惧した。ドレーヴァーが書きたがらないので、ソーンが割って入り、かなりの部分を執筆するはめになった。このこともまた、いくらかの軋轢《あつれき》の原因となった。計画書の内容の一部があまりにも楽観的で、あまりにももっともらしく、とりわけ装置の性能の予想については それが顕著だと、ドレーヴァーは批判した。彼はソーンが自分を厄介者だと思っているのではないか、うるさがっているのではないか、と考えた。そして今までのことを振り返り、自分の気づかぬうちに周囲で緊張状態が高まってきたに違いないと思い至った。

一九九一年、スタン・ホイットコムはロビー・ヴォートの統括責任者補佐、側近、代理人となり、またセラピストのような役割も果たしていた。ホイットコムは一九八〇年にLIGOの設計に携《たずさ》わった初期の実験家の一人だったが、一九八五年に航空宇宙産業のヘッドハンターに引き抜かれ、LIGOプロジェクトを離れていた。当時はプロジェクトの先行きがきわめて不透明だったので、こんなことに縛られていては、研究者としての自分のキャリアがこの先どうなるのか見通せないと考えたのだ（ほかの者たちは、ドレーヴァーとの確執が原因だったと見ている）。ところが、ホイットコム自身が言うには、ひたすら実験室での作業とイノベーションに打ち込んで過ごした最も楽しい時代の思い出に心惹かれて戻ったらしい。最も早い時期、すなわち一九八〇年代の初めごろ、研究開発に割り当てられた実験室には、メンバーが三人くらいしかいなかった。誰もが自分のすべきことを理解していたし、自分の手で何から何までやらなくてはならなかった。彼が統括責任者補佐としてLIGOに復帰した一九九一年は、かつてよりも楽観的な時代となっていた。しかし彼の舞い戻った時代はまた、より生真面目で、冒険のスリルに乏しい時代でもあった。ホイットニーはヴォートのことを、厳しいが手際のよい統括責任者と評する。トロイカ体制のもとでは「ものすごく分析的なレイと、とんでもなく直感的なロン」が膠着《こうちゃく》状態に陥っていたが、ヴォートは強引に、誰もが協力して有効に作業できるようにした。それでもロン・ドレーヴァーとロビー・ヴォートは円満な関係を築けなかった。

LIGOを始動させるための要素が、ついにすべてきちんと準備できた。三年にわたる実用化研究、よくまとまった計画書を目指して一年以上を費やした取り組み、その後の二年に及ぶ連邦議会との闘いを乗り越えたチームは、そわそわして落ち着かなかったに違いない。次の闘いは〝チーム〟対〝自然〟、〝人間〟対〝自然の作用〟の対決となるはずだった。重力波を発生させる天体が存在するという確信が強まり、ブラックホールや中性子星の存在を支持するということで、賭ける〝目〟も決まっていた。グループは勢いよく走りだす態勢を整え、胸を高鳴らせていたに違いない。ところが外部との闘いで勝利を収めたヴォートが、内部の亀裂を広げてしまった。以前にはこの亀裂はあまりにも細かく、外部の危機に向けられた注意を奪い取ることなどなかった。欠けた歯を舌先で触れたときのように、ほんの小さな亀裂が深い淵のごとく感じられるようになったのかもしれない。

相反する証言

それからの出来事について主要人物たちの語る話は、大筋では一致しているとはいえ整合性を欠いている。続いて起きた衝突については、話したがらない人が多かった。ドレーヴァーを公然と批判したくないという思いを挙げる人が少なからずいた。彼は最も対処しやすい状況においてさえ、批判にきちんと対処する力が足りないと思われたのかもしれない。一九九七年にシャーリー・コーエンがカルテクの口述歴史プロジェクトのために実施したドレーヴァーへのインタビューは何時間にもわたり、五回に分けて行なわれている。インタビューはテープに録音され、その中でドレーヴァーは起きた出来事について彼自身の見方を臆することなく語っている。今回、私がLIGOの中心的な科学者たちにインタビューしたところ、重い口を開いて語ってくれた人たちの話は互いにかなり合致しているが、ドレーヴァーの話とは違っていた。そしてほとんどの人が匿名を求めた。

一九九七年の録音では、ドレーヴァーの視点から次のような話が語られる。彼は一九八〇年代の終盤にロビー・ヴォートがトップに立ってから見舞われるようになったトラブルについて述べている。敵意を全開にはしなかったにせよ反感もあらわに、ヴォートは毎週のグループミーティングでドレーヴァーを攻撃し始めた。「特に、私の手法が科学的でないといって、いつも非難されました。それで私はずいぶんいやな思いをしました」。ドレーヴァーはイギリスにいたあいだにラザフォードから影響を受けて、その〝手法〟を身につけたという。彼は成果を犠牲にすることなく近道し、多数の実験をきわめて迅速にこなし、瑣末な詳細を省き、猛スピードで進んだ。彼のやり方を手抜きとするのは誤解もはなはだしい。また、彼が創意に富んだ実験方法を驚くほどたくさん考え出し、今日《こんにち》でも検出器に欠かせない重要で独創的な部品を設計したということに疑いの余地はない。守勢に立ったドレーヴァーは、自分のやり方のおかげで工程が進展したと反論した。従来のやり方をするグループと比べて二倍のスピードで作業をはかどらせ、しかも常に倹約に努め、ほかのグループよりも支出を抑えていた。彼の目から見ると、ほかの科学者たちはしばしば旧弊にとらわれ、問題に対して彼なら熟考の末に果たせるような飛躍が彼らにはできなかった。一方、ヴォートにはロン・ドレーヴァーの天才的な思考の仕組みがまったく理解できなかった。

「私はよく明々白々ではないやり方をしましたが、うまくいっていました。ロビーは『やつのやり方はあてずっぽうだ！』と言ったりしましたが、それは違います。私は直感が非常に鋭かったのです。というか、今でもそれに変わりはありません……しかし、自分の直感を説明するのは容易ではありませんでした」とドレーヴァーは語り続ける。「とにかく彼はしだいに私への敵対心を強めていきました。あのころの私には、その理由がまったくわかりませんでした」

週例ミーティングでの攻撃は悪質で対処が難しく、ドレーヴァーには理解しがたかった。どうしたらよいのかわからず、彼は口をつぐんでいることが多かった。やがてヴォートはドレーヴァーを実験室責任者の立場から外した。「ショックでした。今でも覚えていますが、おかしくなりそうでした」

カルテクとプリンストン大学の名誉教授、ピーター・ゴールドライクの話はこうだ。「あるときロンが『これはひどい。本当にひどい』と言ってきたのを覚えています。彼はしょっちゅうロビーに怒鳴られていました。『彼が怒鳴り始めたら、さっさとどこかに行ってしまえばいいじゃないですか』と私が言うと、ロンは『そんなことができると思うか？』と言いました。『できないはずがないでしょう。あなたもここの教授なんですから』と私は答えましたが……ロンは信じがたいくらいナイーブでした」

ゴールドライクは、LIGOの実験計画を実行するためにロン・ドレーヴァーを採用した際に、初めはそれを支持した教授陣の一人だった。「彼に何回か会っただけで、愉快な男だということがよくわかりました……完全に浮世離れしていて、物理学に全身全霊を捧げていて、きわめて直感的なのです。……ロビーは人に対して理不尽な憎悪を抱きかねない男で、しかも自分の軽侮《けいぶ》の対象がまさに軽侮に値するとほかの人たちに信じ込ませるのがとてもうまいのです。私は過去の経験からそれを知っていました。だからこのときのことで申し訳なく思いました……ロンの身に降りかかったことに、私は責任を感じています」

常軌を逸した規則を課せられて

一九九七年の一月から六月にかけてシャーリー・コーエンがドレーヴァー相手に行なった五回のインタビューの、その三回めで彼は自分が最悪の仕打ちを受けた際のことへと話を進めながら、時折堂々めぐりをし、すでに話したトピックに戻ったりして迷走した。うんざりしたらしいコーエンが、話をまとめるようにと促す。「さっき私が置いてきぼりにされたところにまた戻ろうとしていますよ！」。彼は笑い、ここでテープの裏面が不意に終わる。話が核心にさしかかるまでに、じつはテープがあと四面必要となる。

「私は識字障害気味なのです。あるいはその種の何かですが」とドレーヴァーが打ち明ける。情報を取り込むのが苦手だと感じていたので、会議の内容をあとで聞き直せるように録音させてほしいと申し出たが、ヴォートは許可しようとしなかった。ドレーヴァーの記憶によれば、最も妙な展開となったミーティングで、ヴォートがドレーヴァーに二つの規則を押しつけた。「一つめはとりわけおかしな規則で、ロビー・ヴォートと私が同時に同じ部屋にいてはならないというものでした。彼がそう言ったのです」。ただし、その場に居合わせた二人が書き留めたものは、これほど常軌を逸してはいない。この規則に従えば、ドレーヴァーが週例ミーティングに出席したらヴォートは退席してミーティングは中止されるので、ドレーヴァーはプロジェクトの進展の妨げになる。「一つめは、ドレーヴァーはコピー機や電話機などプロジェクトの備品をいっさい使用してはならない、というような内容でした」。当時から何年も経ったあとでこの話をするドレーヴァーは改めて面食らい、すっかり途方に暮れ、戸惑いつつも、長い時間を挟んだことで自分でもおもしろがってもいるのかもしれない。「あれはまあ何か含みのあるミーティングだったのでしょう。本当に変でしたから。アルゼンチンで開かれた学会に私が行く直前だったと思います」

ドレーヴァーはよその大学や学会といった外部での研究発表を禁じられた。やるせなく、発表したい気持ちは募《つの》ったが、プロジェクトのためを思っておおむね従った。「この国では何がふつうかわかっていなかったのです。そしてアメリカでの〝ふつう〟が、自分にとって当たり前と思われることとはまったく違うのだということをだんだんと理解するようになりました。母国にいれば、こんなことはありえませんでした。ともあれ、私は規範を知らなかったのです」

例外的に彼が命令に従わず、破局を招いてしまったのは、アルゼンチンで開催された学会をめぐる行動だった。一九九二年、ドレーヴァーはグラスゴー大学の同僚、ブライアン・ミーアズと共同で研究を発表しようと考えた。ミーアズはドレーヴァーのアイデアを分析し、干渉計でのレーザー光再利用に関する理論を構築していた（ミーアズとの協力体制について、現場の同僚たちの記憶はドレーヴァーと違っている。彼らが言うには、ドレーヴァーは若いミーアズのアイデアに異議を唱えていたので、当然ながら、ドレーヴァーはそれらのアイデアが重視されることに不満だった)。二人が共同で論文を作成していた最中に、ミーアズが登山中の事故で死亡した。アルプス山脈で休暇を過ごす予定に備えて、ミーアズと同僚のパトリック・グレイがスコットランド最高峰のベンネヴィス山に登ったのだが、悪天候のなか互いの体をロープで結びつけた状態で断崖から滑落したのだ。「もちろん誰もがひどいショックを受けました。私もです。私たちはみな彼が好きだったのに、いきなり死んでしまったのです」。ドレーヴァー自身が言うには、この悲劇に突き動かされて、一九九二年にアルゼンチンで開かれる学会で是《ぜ》が非《ひ》でも自分たちの研究を発表しなくてはと思った。ヴォートにはだめだと言われたが、強引に発表した。

発表を終えてカルテクに戻ると、ドレーヴァーはその日のうちにプロジェクトから外された。

ドレーヴァー外し

ヴォートが一人で仕組んだわけではなく、最終的にはカルテク当局がドレーヴァーを解雇した。一九九二年七月六日、ロビー・ヴォートはLIGOコミュニティー全体とカルテクコミュニティーのかなりの範囲に文書を送った。ロン・ドレーヴァーは、もうLIGOの一員ではなくなった。LIGOのスタッフを同伴しない限り、LIGOに置かれた彼自身の部屋から私物を持ち出すことさえ許されなかった。

この措置に対するドレーヴァーの憤懣《ふんまん》はやる方《かた》なく、とどまるところを知らずに膨れ上がって、将来のみならず過去にまで向かっていった。ドレーヴァーは順調だったころの記憶、つまり研究がとてもうまくいっていると感じられた最初の五年間の記憶にまでさまよい込み、今回の仕打ちについて以前は気づかなかった兆候を見つけ出そうとした。そしてあの五年間にヴォートがまるで先制攻撃を仕掛けるかのごとく、ドレーヴァーに関する不満を当局に訴えていたということを、うわさで知った。ドレーヴァーはその話を信じ、ヴォートの評判をぶち壊してやろうと心に決めた。

ヴォートはドレーヴァーに、さっさと退職してグラスゴーに帰ってほしかっただけかもしれない。もっと常識的で敏感な精神の持ち主ならそうしただろう。しかし常識的な精神の持ち主でなかったドレーヴァーは、月並みなやり口に対して異常な抵抗を示したのかもしれない。彼のような人間は、ある方向に絶えず押さえつけられていると、不意に別の方向へ動きだしたりしかねないものだ。どうやら圧力に対するドレーヴァーの最初の反応は、立腹して退職することではなく、冷めた当惑だったらしい。研究が、実験室が、そして頭に浮かんだアイデアの実現が彼の生きがいだった。LIGOの中枢はカルテクにある。彼にはLIGO以外に何もなく、行くべき場所もなかった。

ある日、彼の部屋と秘書の部屋をつなぐドアが封鎖された。施錠されたのではなく、行き来できないように壁が設けられたのだ。大工が工事をして、かつてはここにドレーヴァーとLIGOをつなぐ象徴的な意味をもつドアがあったというおぼろな痕跡だけを残した。ドレーヴァーは大工の仕事ぶりが雑だとこき下ろした。秘書はいなくなり（どこへ？　地階へ?)、ドレーヴァーの頭に浮かぶのは「ひどい話だ」という思いだけだった。「短い猶予があったのです。もう仕事に来るなと言われたときに」。彼はこの最後の部分をとてもゆっくりと悲しげに、信じがたいことのように語る。ドレーヴァーの部屋の鍵が取り替えられたときには、ピーター・ゴールドドライクが窓をよじ登って室内に入り、ドレーヴァーを入れてやったといううわさがある。しかしあくまでもうわさであり、ゴールドドライク自身はそれを認めようとしない。「それから……ロビーがLIGOコミュニティーに宛てて書いた文書を手に入れました。……読んで心底、腹が立ちました」。窓をよじ登ったという話は本当かと私が尋ねると、ゴールドドライクは私を追い払うかのような手ぶりをする。もう昔の話だと言いたいわけではなく、まだ憤《いきどお》っているからだ。「思うに、ロビーが何よりも許しがたかったのは、自分が前進の大きな原動力としてプロジェクトを仕切っていたのに、あのまぬけでデブな小男、ロンの手柄になりそうで、ひょっとしたらノーベル賞ももらってしまうかもしれないということだったのでしょう。そしてもちろん自分は誰からも称賛されないに違いない、というのが。ロビーはそれに我慢がならなかったのです。……私はそのへんがよくわかっていませんでした。私たちはみなロビーを尊敬していましたから。そんなこんなで、ついに私はロビーに言ったのです。どうせこのままではロンが首になるのは避けられない。それなら自分から退職させたほうがいいのでは、と。彼に勝ち目はありませんでした。この状況を切り抜けるのは無理でした。首になることは目に見えていました」

個人攻撃の犠牲者か、プロジェクトの障害か？

ヴォートは、いよいよ破局が訪れたのは、ドレーヴァーが彼のことを「頭がおかしいとか、絶対に機能しない装置をつくっているとか、皆に言い立て始めたとき」だと言う（ドレーヴァーはこの非難をきっぱりと否定する）。

レイ・ワイスが明かしてくれた。「ロンはプロジェクトにおいて〝要注意人物〟にされてしまったのです。ミーティングに出ることが許されませんでしたが、それはあまりにもやりすぎでした。そしてカルテクの教授陣はこのことに強い危機感を覚えて、ドレーヴァーなしではLIGOはやっていかれないと言いだしました。教授陣の多くはロンが偉大な天才だと感じていました。キップさえそう思っていたのです。しかし、ロビーはその天才を守ろうとしませんでした。天才は不満を訴えていました」

「私にはさっぱり理解できませんでした。あまりにもおかしな話で」とドレーヴァーは言う。最終的に数少ない味方にあと押しされて、彼は〈学問の自由および終身在職権委員会〉に苦情を申し立てて受理された。カルテク当局から独立した委員会である点が重要だった。委員会の報告書について、ドレーヴァーはこんなふうに話している。「報告書は基本的に私をとても強力に支持してくれていました。……すばらしい報告書です。がつんと言ってくれました……私の学問の自由が侵されたと」。それでも、何も起こらぬまま何年も過ぎた。ドレーヴァーはカルテクで迷惑がられていた。LIGOの建物に入るときには「恐怖」を覚えた。ドレーヴァーは不可解なことに、ドレーヴァーはLIGOへの復職を望んだ。第三者を交えた監督委員会の会合で、ドレーヴァーはある研究計画の擁護をするつもりでいて、ヴォートはそれに対する反対提案をするつもりだった。そして両者の対立は科学的な意義にもとづいて決着するはずだった。ところが、ヴォートの支持者たちの集まった部屋に入ったドレーヴァーは、次々に「個人攻撃」を仕掛けられて動揺した。感情に圧されて沈んだ声で、ドレーヴァーはそのときのことを語る。「そこにいたのは、かつては私の友人だった人たちです」

もちろん、この話には別の側面がある。匿名を条件として話をしてくれた人たちからはある程度一貫した話が聞かれ、ドレーヴァーの話だけがちょっと違っていた。次の言葉は、出所は明かせないが、ドレーヴァーと対立する見方を集約したものだ。「ロビーが統括責任者になる前からロンはすでにLIGOチームの大半を敵に回していて、その後の数年間に対立はさらに深刻化していきました。……ロンがチームと敵対した原因の一つは、彼がグループの研究を全面的に自分一人で掌握しようとしたことでした。ほかの科学者を助手として扱い、重大な責任や権限をほとんど与えなかったのです」「ロンは彼の言う『標準的でない研究方法』にあくまでも固執しました……自分の直感に頼り、客観的な分析には頼らないのです。理路整然としたやり方をしようとしませんでしたし、できませんでした。……一九八八年から翌年の初めにかけて、ロビーはもっと標準的で理路整然とした方法を強要しようとしました。ロンはこれを拒もうとして、チームのメンバーがロビーの求める方法に従わないようにしました」「ロンはすごく手際が悪くて、判断を下したり、問題を解決したり、期限を守ったりするのがひどく苦手でした。これらの短所は、多数のメンバーが関与する組織的な研究プロジェクトを率いるには著しい障害となります」「ロビーが強引にプロジェクトの主導権を握ろうとしたのに対して……ロンは彼と闘いました。真っ向からぶつかるのではなく、背後に回ってあの手この手で『仕事を台無しに』したのです。ロンはロビーからひどい仕打ちを受けたと言っていますが、それはこのせいなのです」「部屋のドアが封鎖されたのは、ロビーが求めた秘書室の改修の一環でした……ドアの封鎖を含めて、改修については事前にロンに相談していました。明らかに、ロンはそのことを忘れてしまったのです」「ドレーヴァーの部屋の鍵を取り替えたことについては、彼［ロビー］が部屋に入って物を持ち出したなどとロンから言いがかりをつけられないように、ロビーがそうしてほしいと言ったのですが……これについてはロンと話しあいましたし……ロンは新しい鍵をもらうこともできました。あるとき出勤したら自分が部屋から閉め出されているのに気づいたといいますが、彼は明らかにそのやり取りを忘れていたのです」「ロンは学問の自由の侵害について二五件の申し立てをしましたが、これについて〈学問の自由および終身在職権委員会〉は、実際の侵害が一件、権利の侵害に付随する事案が二件あったと判断しました」「こう言っても誹謗中傷にはあたらないと思いますが、ロンは誰の手にも負えなかったのです」

この延々と続くエピソード全体は〝ドレーヴァー事件〟と名づけられるに至った。ワイスはこう説明する。「ロンもロビーもこのうえなく強い忠誠を求めていました。〝忠誠〟という言葉がまさにぴったりです。あなたもそう思いませんか？　ロンは技術的な事柄に関するロビーの判断に疑問を抱き、ロビーは自分がただの管理者ではないと思っていました。ですから、ロビーの痛いところを突くような事柄を一つ取り上げて、『あなたは管理者ですから』と言おうものなら、彼は猛然と反論してくるでしょう。『私は物理学者です。ほかの物理学者と同じように物事を考えられます』と。私はその言い分を尊重しましたよ。彼はバカではありませんから。でも、ロンはそう思わなかったのですね。私が思うに、基本的にそれが二人のあいだに起こったことの真相です。ロンがスイッチを押したせいで自分が二流の人間だと思わされたロビーは、そのことに耐えられなかったのです」

ワイスの話はさらに続く。「不意に、私たちはこのひどい仲違いが取り返しのつかない結末を迎えたことを知らされました。その一方で、真にまずいことが起きていました。つまり――私は依然としてなんとかしてロビーを守ろうとしていたのですが――プロジェクトがまったく進んでいなかったのです」

「黙ってろ」――財団の担当者を怒鳴りつける

最後の諍《いさか》いが起きたのは、一九九四年だった。「パイプを製造したシカゴ・ブリッジ・アンド・アイアン（CB&I）との契約期間に入ったときのことです。私はその件で科学顧問を務めていました。ロビーは、契約の開始を確認するために訪れていた国立科学財団の担当者に対して怒りを爆発させました。人の見ているところで。プロジェクトにとって不面目なことでした。

財団の担当者が質問をしたのですが、ロビーはそれに敵意を感じたのです。私から見れば、まったく妥当な質問でしたが。ロビーはいきり立ちました。私はあれほどの怒りを見たことがありませんでした。激高し、顔が真っ赤になりました。ロビーはかなり立派な体格をしているのですが、その彼が小柄な財団職員を怒鳴りつけたのです。『おまえにそんなことを訊かれるいわれはない。黙ってろ』と。

いったい何が起きたのかと、CB&Iの社長と技術者全員が互いに顔を見合わせました。『財団の人間にたてつくとは、このおかしな男は何者だ？　資金を押さえているのは財団の担当者なのに。何様のつもりだ？』とでも考えていたのでしょう。私がロビーと決別したのはこのときです。とてもつらいことでしたが。本当に、私が今までに経験したなかで、おそらく最もつらいことでした。彼を傷つけたと心から思っています。

『あなたはあちこちでトラブルを起こしていて、私の力ではもう守りきれない。……辞めてくれないか。もう役目は終わったのだ。こんなことを言うのは心苦しいが』と私は言いました。するとロビーはひどく落胆したようすを見せて、今にも死にそうでした。まるで……骸骨になったようでした。顔つきが一変して、血の気が失せました。私たちは一緒に車に乗っていましたが、どちらも言葉を発しませんでした。

車を降りたとき、私は『すまない、ロビー』と言いました。

歩きだして別れる寸前――私と彼はそれぞれ別の飛行機に乗ることになっていたので――彼が言いました。『あなたはいつも間違った見方をする』

「ちょうどそのころ、ノースリッジ地震が起きたのです。たまたまですが（訳注　ノースリッジはカルテクと同じカリフォルニアにある)」と、ホイットコムは強い口調で言う。「しかし私たちはワシントンDCに行っていました。国立科学財団に叱責されるため、そして温情を求めるためです。その朝、テレビでノースリッジ地震のニュースをやっていました」

ワイスもそのころ会議でワシントンにいた。「ロビーは国立科学財団の審問を受けました。それはどう見てもみっともない光景でした。彼は自分の下した決定を擁護しようとしました。それはまずい対応です。なぜドレーヴァーを追い出したのか。なぜロビーが資金を握っていたのか。なぜもっと大きなプロジェクト事務局を設けなかったのか。財団側はただ委員会の報告書を彼に読み聞かせました。ロビーは死人のようでした。それですべてが終わりました」

ソーンはロビー・ヴォートを擁護しようと、彼のリーダーシップのもとでなし遂げられた主要な成果を詳しく語る。ヴォートが研究開発のシステムを確立したおかげで、干渉計の部品の設計と実現において有能なチームが足場を固めることができた。大筋で、彼は適切なLIGO研究計画を策定した。用地の選定と真空系やビームパイプの設計を監督した。光学系の構成やレーザーについての難しい判断を力業《ちからわざ》で下した。第一世代の干渉計の詳細な設計において、初期の作業を促進した。また、レビューから議会に提示したコンセプトに至るまで、あらゆる点でLIGOに関する承認を取りつけた(最終的な建設資金については、まだ発表されていなかった)。ヴォートは関係者を束《たば》ねて、達成可能な目標を追求する一つのチームとしてまとめた。

ヴォートは肩をすくめる。「私は賭けに出ていました。自分ならあれがつくれると思い込んでいたのです」。私とのインタビューが始まって五時間めに入ったころ、事実が歪《ゆが》められていると気づいた彼は、半ば自己弁護として、半ば告白として「私の犯した過ちは、そのころ自分のもっていた情報のせいでした」と言う。初めの部分は断固とした口調だった。それから微笑みながら言う。「そして、私の性格も一因でした」
ロン・ドレーヴァーはプロジェクトの中核から追放された。独自の研究をするためにカルテクからおよそ一〇〇万ドルの資金とスペースを与えられ、新しい実験室も与えられたが、それは初めから問題が多かった（設備は貧弱で、立地はひどく、修繕のしようがなかった）。一九九七年になっても、ドレーヴァーの実験室はまだきちんと整備されておらず、それどころか資金すらまともにもらえていなかった。彼はワシントン州とルイジアナ州の用地でＬＩＧＯの建設が始まるのを、失意のうちに見守った。彼は自分にできる小規模な実験についてこう語った。「これは次善のものにすぎず、本物の重力波検出ほど重要ではないと強く思います。そして自分はひどいハンデを負わされていると感じます。私には理解できない理由で、存分に貢献できないように、ほぼ力ずくで押さえつけられていたのです。……もっとできたはずだ、もっとできるはずだと、思わずにいられません」

ワイスは言う。「この件はＬＩＧＯの悪《あ》しき一幕です。ロン・ドレーヴァーは悲劇です。あれ以来、ロビーもロンも立ち直っていません。誰もこの話を蒸し返したがりません。残念ながら、それが今では公式な記録に残されています。しかし、あなたの本にまで書かなくてもよいのではないでしょうか」

14章　LLO

アメリカ南部の観測所

ああ、やはり南部のほうが人は優しい。心の底から善良だからなのか、条件反射的なふるまいなのか、といったことはどうでもいい。アトランタ育ちのジェイミーの声にもかすかに南部の記憶がある。バトンルージュにほど近いLIGOリヴィングストン観測所（LLO）へ向かう彼が、途中のニューオリンズ空港で私を拾ってくれた。しばらく高速を走る。淀んだ入り江が見える。ミシシッピ川が見える。大地の果てのようだ。ジェイミーが改良型検出器の設置状況を説明しているうち、並走していたミシシッピ川が見えなくなっており、降りるはずの出口を一時間も前に通り過ぎていたことに気づく。

LLOはリヴィングストン郡バトンルージュの少し先にある。ワシントン州のLHOとルイジアナ州のLLOという二カ所の観測所は、建築物としては、別個の二棟にこれ以上望めないというほど似ている。初めて訪れたときにはまるでそっくりに見える。LLOでの設置

図11　LIGOリヴィングストン観測所（LLO）。Courtesy Caltech/MIT/LIGO Laboratory

を統括しているブライアン・オライリーがアイルランド訛りで話してくれたところによると、正面入口の両開きの扉の開《あ》かない側がＬＨＯとＬＬＯでは左右逆で、彼はハンフォードへ行くたび開かない側を引っ張ってしまうそうだ。

　文化の面では明らかな違いがある。ＬＬＯには打ち消しがたい南部の彩《いろど》りがあるのだ。「ここはルイジアナ」と念を押すような。アルゼンチン人が、アイルランド人が、オーストラリア人がそう言う。学問の世界ではよくあることだが、科学者は世界中から来ている。だが、技術者や制御室のオペレーターや補助職員は──ここが肝心──大部分がルイジアナの人なので、観測所は南部の色に染まっている。

　装置そのものは仕組みが途方もなく複雑で、そっくり同じにするなど到底無理だが、ブライアン・オライリーとマイク・ランドリーはそれぞれの観測所の設置責任者どうしとして、違いを最小限に抑えようと努力している。大陸横断のコミュニケーションが絶えず取られており、彼らが保存、取得、採用、共有しなければならない平均情報量は人間の能力を超えていそうに思える。アクチュエーター系、雑音除去や防振、スクイーズド光（訳注　振幅のゆらぎを抑えた光。位相のゆらぎを抑えたのがレーザー光）とレーザー安定化、モードクリーニング、ＤＣ出力とＲＦ出力、ダークポートとブライトポート、能動真空系、油圧計、冷却系、制御系。全体を把握している人がコラボレーションにいるのだろうか。かつてはスタン・ホイットコムがそうと称えるにふさわしい存在だった（ブラギンスキーはこう評する。「ええ、よき同僚で優れた実験家ですよ——とても繊細な心遣いをする人で、紳士で、賢くて、知識がたいそう豊富で、広報にも長《た》けています。一流の実験家です、文句なしに」）。ホイットコムは現在、ＬＩＧＯインドという、字面からまさに想像されるとおりの施設を建てるための重要な任務に携《たずさ》わっている。

干渉計を口説く手管《てくだ》の持ち主

ここで働く人たちに、干渉計がなぜかうまく動かないときにまず電話する相手として誰か一人、目を閉じて思い浮かべてもらう。それが誰かを率直に答えてほしいと言ったら、誰もが「ラナ」と答えるだろう。私はそう聞かされている。目を閉じて、おまじないのように「ラナ」と言うだろう、と。詩的なベンガル語の名前に惑わされることなかれ。ラナ・アディカリはフロリダ育ちで、父親はＮＡＳＡの技術者だった。ラナには忘れられない出来事がある。六年生で、フロリダの校庭で遊んでいたとき、ほかの子と一緒に空を仰いだら、スペースシャトルのチャレンジャー号が蒼穹《そうきゅう》を焦がし、破片となって落ちていった。教師も子どもたちと一緒になって大声を上げ、何だかわからない閃光にまごついたが、校庭での遊びに戻っていった。

私はどうしてもラナのほうを見てしまう。ジェイミーは、「ある種のセレブだ」と言う。ラナのカリスマの一端にかかわっているのが、彼のまとう無関心のオーラが発する、社交上の力だ。だが、何につけても無関心ということではない。他人の話に興味なさそうに耳を傾けることは確かにあって、それがオブラートに包まれた無関心さだと誤認される可能性はある。たまに会話の途中で誰かの発言を揶揄《やゆ》することもあって、それはたいてい穏やかな軽蔑という形をとり、声があまりに滑らかで穏やかなので同意かと思いきや、実は愚弄だと徐々にわかってくる。何かをこっぴどく非難するときも、きっと同じあの滑らかな甘い声で、その残念な評価を伝えることを悔やんでいるかのように、淡々と批判するのだろう。

ラナが発揮するこの力はさらに、外部からの承認に関心がなさそうに見えることからも生まれている。彼は他人から好かれている必要がない。好かれていようがいまいが自尊心に影響しないのだ。かくなる自己満足が人間にありうるのか、私は疑問に思うが、それにより醸《かも》し出される印象は、幻想は、強力だ（それに比べて私は、ラナが何かの話で私のことを「友人のジャンナが……」と言ったのを初めて耳にしたとき、うれしくて舞い上がりそうになった）。想像するに、彼がもっと年を取ったら――今は三〇代である――老賢人のようになり、屈辱的な評価もありがたく頂戴すべき知恵として受け取られるのだろう。

ラナにはあの装置を口説く技が、あの干渉計と渡りあう手管《てくだ》がある。干渉計は独り言を言う。別な言い方をすると、ループをなしている。そのチャンネル数は膨大だ。この評判について彼をただしたところ、本人もそうと認めた。装置の扱いを心得ているという。彼は自慢げにでもなく真面目にうなずき、こう説明する。各部について覚えられる限りのことを覚えているので、問題や可能性をとにかくいろいろ考えることができ、わざわざ席に戻ってコンピューターと紙とペンを用意して数時間かけて計算する必要がない。そもそもそんなことをしている余裕はなく、イメージするしかないのだが、全体がどう動いているかを思い描くと、イエスかノーか、対処がうまくいくかいかないかをとにかく言えるのだそうだ。いつまでもこうはいかないのではと心配していたが、改良型《アドバンスト》ＬＩＧＯの設置が進行中の今、彼はこの能力が戻りつつあるという感触をもっている。ＬＩＧＯの広報を担当しているガブリエラ・ゴンザレスも、「ええ、ラナがいると装置はずっとうまく動きます」と言う。

そんな彼にメールを打った。「ラナ、二、三週間のうちにまたＬＬＯに行きたいんだけど。会える？」

「来てくれ！　こっちは今インドとオーストラリアから帰国したところだ。もう飛行機には乗るもんか、金輪際……と言うか、少なくとも一六時間のフライトのことを忘れるまでは。これからルイジアナの人たちに混ざってチェックインするから、あとで連絡する」

バス、ワニ、林業会社

装置をラナの目（大きくて、黒くて、亜大陸系――皮肉屋に見える短い口ひげとともに表情を変える顔にあって、強力な定点。滑稽なほど大きく開くことも）を通して見ることが重要なようである。私とジェイミーがLLOに着くと、私が前回来たときのことをラナが尋ねてくる。「バスが泳いでる話は聞いた？」「何も」「前回はいったいどこを連れ回されたの？」

コンクリートのトンネルで覆われた、できたばかりのLIGOアームは、そのままでは湿地に沈んでいくので、下を掘って何かしらの補強をしなければならなくなり、その関係で側道に沿って堀が残った。なにしろ湿地帯なので、堀に水が張った。ここで、びっくり仰天させられることが起こった。堀でバスが繁殖したのだ。どこからわいたのか、誰にもわからなかった。そこで私は、何キロも離れたところで竜巻のような精度で着水した嵐が魚をさらい、州内をうろつくうちに魚をたまたまLIGOに放り投げてから、メキシコ湾へ抜けて勢力を強めたか弱めた、という仮説を立てた。映画『マグノリア』にヒントを得たものだ。それに、竜巻街道（訳注　アメリカで竜巻が頻発する領域の通称）でどこかの農場の牛が五キロ近く南で無傷で死んでいるのが見つかったという実話をどこかで読んだ気がする。ラナの意見では、私の説はいま一番人気の仮説といい勝負だそうだ。その仮説とは、鳥が泥に脚を突っ込んだときに魚の卵が付き、そのままこちらへ飛んできて、卵の付いた脚を湿地のような堀に突っ込んで、卵が孵化《ふか》した、というものである。私はこの説に分《ぶ》があると思う。雨のように降ってくる死んだバスのうち、堀以外のところに落ちた報告例が皆無だからだ。

ラナは当初、バスがいるという話を信じなかった。そこで技術者の誰かが素手で一匹捕まえ、実験室にいたラナのもとへ生きたまま、指をエラに挟んで持ってきた。それを見たラナはひるんだ。「何やってんだ？　そいつを外へ出せ」。すると、その技術者はいぶかしげにこう返した。「また放してくる」

ラナはこうも言う。「ワニもいるんだ。ワニの話も聞いてない？　前回はいったいどこを連れ回されたの？」

この話を聞いてようやく、廊下に掛かるコルクの掲示板に気がついた。そこには、エラに指を挟んでバスを持っている男女の写真や、ぬかるんだ岸でポーズをとる男女の数歩後ろでワニが身体を半分沈めている写真が何枚か貼られていた。

ラナに連れられ、見晴らしのいい建物の屋上へ行く。「この正面の区画の木だけ全部きれいに並んで植わっているのがわかる？　ウェアーハウザーっていう林業会社がやってきて木を伐採して植林していったんだ」

林業の会社が史上最も地揺れに敏感な装置の目と鼻の先で林の木を切り倒す、というのも、理想の状況とはほど遠い。第一世代の設置では、州間高速道I-12の近くに地震計を置き、近隣の工業用パイプをあれこれ調べたにもかかわらず、とりわけひどい雑音源を一つ、一年経っても突き止められずにいた。ひと夏が雑音追跡で終わってしまうといら立ちを募《つの》らせていたワイスが、ある日の朝六時にLLOへ車で向かっていたとき、観測所への道沿いの土地で木が切り倒されているようすを目にして、なぜそれに気づかなかったかという嘆かわしさが身体中を満たした。そして制御室へ駆け込むと、当直のオペレーターを外に出して見張らせ、「木が倒れたら合図を」と指示した。「そしたら、ダーン！　出ましたよ、地震計に」。ウェアーハウザー社の広大な敷地のことは、候補地の選定段階で当然認識されていたはずだが、なぜか伐採の頻度が大幅に過小評価されていた。実験を台無しにされないようにするため、ワイスはもっと土地を買いたいと同社に持ちかけた。だが、提示額が検討に値しないほど高かったので（数億ドルか）、技術的な解決策を模索せざるをえなくなった。そこで、鏡を隔絶するための手のこんだ油圧系を導入した。この能動防振系は改良型へは導入がすでに決まっていたが、伐採対策として導入が前倒しされた。

撃ち込まれた銃弾

概して、ＬＬＯにいるとハンフォードほど僻地《へきち》には感じない。観測所へ車で向かう途中、車通りのほとんどない道路に沿って進み、踏み切りを渡って、線路の反対の人家がまばらな側《がわ》に入ると、前庭に子どものおもちゃが散らかった古い家屋《かおく》の並ぶ区画が唐突に出現する。踏み切りが守衛の詰めているゲートのように見え、皮肉なことに、仕切られた高級住宅地のような様相をこの一帯に与えている。古い家屋はまぎれもない廃屋《はいおく》に変わりつつある。かつて母屋を支えていた材木は裂けて、今や第二の人生を歩むべく土に還《かえ》ろうとしており、破れた板の合間からはもう灌木《かんぼく》が顔をのぞかせている。その日の朝、コンバーチブルに乗せて私を観測所まで送ってくれていたガブリエラ・ゴンザレスは、こういう場所が近くにあることを快く思っていないようすだった。

「エンドステーションに銃弾が撃ち込まれたって聞いたんですけど」と私が訊くと、彼女は大げさに言わないでとばかりに、「そうですね、弾痕が一つあるかもしれません。おそらく事故でしょう」と言った。

意図的なしわざだとは思いもしていなかった私は驚いた。

「まあ、あれを威嚇行為と見なす人もいますが、実際のところはわかりません。猟友会との会合があって、それ以降、状況は落ち着いているようです。ハンターの皆さんはこのあたりに科学者がいることを知ってますよ」。彼女が私を安心させようと笑みを浮かべる。私もつくり笑いを返す。私のつくり笑いはするだけ無駄なのでまずやらないのだが、彼女が私を安心させようとしたように、私も彼女を安心させたかった。二人ともまあだいたい同じくらい相手の表情を信じたと思う。

屋内に入ると制御室にはいつになく人が多く、そろってモニターを見つめている。その日はXアーム側のエンドステーションの仕切り弁を開き、四キロ先の目標にレーザーを当てようとしていた。数時間後、目標にレーザーが当たり、真っ黒な画面の中央に脈動する光のしみが映し出された。大きな成果なのだが、誰も騒ぎ立てなかったし、手に汗握るというものでもなかった。一年ほどのうちに、Yアーム側でも弁を開いて目標にレーザーを当てにかかり、次いで両アームをロックする。こちらが達成されれば、スイッチがオンになること、装置が稼動することに等しい大きな節目となる。シャンパンものだ。それでも、検出の用意が整うまでにはさらに何カ月、あるいは何年もかかる。雑音対策に追われることになるが、雑音はえてして予測不能で、なかなか言うことを聞かない。

コーナーラボへ「這《は》い出す」

広いコーナーラボの屋内にはかなりがっしりした金属製の階段があり、それを上って短い橋を渡り、一方のアームを越えてまた階段を降りると、ラボの広い室内へ、二本のＬ字アームがつくる頂角の内側へ、コーナーチャンバーとアームの根もとで仕切られた区画へと降りられる。ただし、常連はこの橋を渡らない。手術台を思わせる低い金属製テーブルがパイプの下をくぐるように渡されており、そのテーブルの上をずるずると這《は》っていくのだ。この手が編み出されたいきさつを訊こうと思ったとき、ブライアン・オライリーが片方のパイプの下から、紙製のシューズカバーを透かして見える靴裏をこちらに向けて脚だけ突き出す。そして茶目っ気のある目でパイプの向こう側からこちらをのぞく。どう見てもかっこよくは見えないが、そうしたくなる理由はわかった。しばらく滞在するうちに、壁を貫く二本のステンレス鋼アームの間違った側に出てしまってもう一方の側へ戻る、という経験を何度かすると、這いつくばるほうが階段の上り下りよりましに思えてくるのだ。

このだだっ広いコーナーラボに人影は驚くほど少ない。ケーブルをつないでいるのが数人、仕切り弁に近いパイプの下に座り込んで何かはわからないことをしているのが数人、何の迷いもなく作業している。他人に指示を出している者はいない。誰もが次にやるべきことをわかっているらしく、誰もが専門家に見える。無塵衣《むじんい》に身を包んだ人が一人、仮設クリーンルームのカーテンの向こうで、何かの構造物の上に立っている。友人のエイダンだろうか？レーザーの熱による鏡の歪《ゆが》みを補正する熱補償系の部品を取り付けているはずなのだ。だが、無塵衣を着ると誰が誰だかまずわからなくなるし、気軽に立ち寄って声を掛けるわけにもいかないので、言葉を飲み込み、アームの文明側へ這い出す。

ブライアンがピックアップトラックで私をエンドステーションへ連れていき、私の顔の前で助手席側の窓の外を指さす。その先に小さな狩猟小屋が見える。高床《たかゆか》の地味な木造ツリーハウスで、鹿にエサをやるための青い樽が置かれている。ハンターは早朝にこの小屋に隠れ、鹿を撃つ。

「あの弾痕は事故ではありませんでした」と彼は断言する。「ＦＢＩが来て調べて、それでこのおかしな事態はだいたい収拾がつきました」と自信ありげにうなずく。私は彼の言うことを信じた。二人とも笑みは浮かべなかった。

ＬＬＯの所長を務めるジョー・ジアミはこう言う。「ヨーロッパ人の目に、アメリカ人はどうかしていると映っていることでしょう。なにしろアメリカらしい事件が起こってますからね。片方の観測所ではピックアップトラックがアームのトンネルに激突し、もう片方では銃弾が撃ち込まれる。これでハンバーガーが絡む事件でも起これば完璧です」。それでも、ＬＩＧＯはこの地球上で唯一の手段だ（ヨーロッパの同等施設、Ｖｉｒｇｏ《ヴァーゴ》はまだ性能強化を終えていないが、観測精度の高い検出器のネットワークに早く加わろうとがんばっている）。

エンドステーションでは、ケーブルの束《たば》がエンドチャンバーの側面から垂れ下がっている。

図 12　LLO のむき出しになったビームアーム。
Courtesy Caltech/MIT/LIGO Laboratory

つくり付けのクレーンが内部に収める機器を持ち上げるようになっているが、懸架系《けんかけい》と鏡の重さが耐荷重ぎりぎりなので、部品をいくつか外す必要がある。最終的には人が中へ入って組み立てを仕上げ、コネクターをつながなければならない。チャンバーはてっぺんを外して中へ入れるようになっているが、機器のまわりに大人が動けるような余裕はほとんどない。懸架カートリッジを降ろしたあと、チャンバーのふたを閉じるまでには八週間かかる。設置が終わり、人とクモが外へ出されると、エンドチャンバーは真空にされ、アームとの仕切り弁が開かれる。

引き返したオライリーはＹアームのほうへ回り込み、中間ステーションで止まる。作業員たちが側道で休憩中で、ひと息つき、外したマスクを首や耳からだらりと下げ、アスファルトに脚を投げ出している。彼らは早朝から断熱材をアームから取り払っていた。また、Ｙアームにはどこかにわずかな空気漏れがあって、何カ月もかけて調べてきたのだが、場所が絞られたことから、クロゴケグモやイトグモがたかった断熱材を外して、いよいよ問題箇所を特定しにかかってもいた。オライリーがコンクリートのトンネルの中に入れてくれたので、コーナーラボで這いつくばってくぐったステンレス鋼のアームがどこまでも続くようすを拝めたが、保護マスクをしていないことを理由にすぐさま外に出された。トンネル内の空気はむっとしてかび臭かった。明るく暖かいルイジアナの日中に片足だけ出て、まだ身体の残りがじめじめする暗いトンネルの中だったとき、左右どちらを向いても二キロ先というはるかかなたに光が見えた。ワイスがこのトンネルを歩くところを思い浮かべてみる。建設後にこのトンネルをアームに沿って歩き通したのはおそらく彼が初めてだった。片手で距離計を引き、懐中電灯の光に戸惑う小動物やヘビを見ながら、すぐさま状況を理解して、つまり、尿や塩素がステンレス鋼に及ぼす威力というそれまで考えたこともなかった影響を認めて、トンネルの端に見える外光までの四キロという長い長い距離を歩きながら毒づいたことだろう。私は「彼がそのときマスクをしてたのならいいんだけど」と思った。

第二代統括責任者、バリー・バリッシュ

二カ所の観測所の建設は、一九九〇年代なかばに二代めのLIGO統括責任者、バリー・バリッシュのもとで始まった。

カルテクの総長が「さて、私はどうしたらいいだろう?」と、首になったばかりのロビー・ヴォートに尋ねると、こう提案された。「大型加速器が中止になりました。バリー・バリッシュという素粒子物理学者がいます。大変優秀で、LIGOを運営できます」

超伝導超大型加速器（SSC）は、テキサス州ワクサハチーに数百万ドルかけて掘られた穴で終わるはずではなかった施設である。議会が予算の拠出をやめていなかったら、有名なヒッグス粒子を二〇年先んじて発見していたに違いない。バリッシュは加速器のビームで行なう実験の計画責任者だったが、このプロジェクトが一九九三年に中止されたとき、失意に浸《ひた》っている時間はほとんどなかった。選定委員会、国立科学財団（NSF）、カルテク当局の側が踏む必要のあったしかるべき手続きが済むと、バリッシュにLIGO統括責任者への就任が申し入れられ、一カ月で返答することになった。彼はひと晩で決断した。それは大げさだと彼は言うが、ほぼ事実である。ソーンが一九七〇年代の終わりにカルテクにおいての実験による重力研究を初めて計画したころから、バリッシュはLIGOに対して知的好奇心を抱き続けており、掲げられていた理想への共感にまかせて決断したのだった。「確かめたかったことはただ一つ、状況を改善できると思えるかどうかでした」

一九九四年、バリッシュが統括責任者の座に就《つ》いたとき、プロジェクトは止まっていたが、公式に中止されていたわけではなく、死の床にある状態だった。最終的な承認がまだ与えられていなかった資金は、信頼が失われたことから、NSFによってテーブルの上から持ち去られようとしていた。バリッシュが見たところ、急を要する仕事が二つあった。一つはチームをつくること。もう一つは実際に資金を獲得するという大仕事で、彼の見積もり額はこれまでの要求よりかなり多かった。NSFによる審議がプロジェクト打ち切りの方向に傾いているところへ、さらに多額の資金を要求することになるのだ。低い予算額はヴォートのスカンクワークスモードの反映だったのかもしれず、バリッシュはもっと強固な管理体制を敷くつもりでいた。そして、必要な資金を三億ドル超と見積もった。

この数字がバリッシュに戦術的な論点をもたらした。彼はNSFとの会合で、費用に関する懸念をすぐさま取り上げた。前任者による低い予算見積もりは、過去のある時期の問題と見なされるにしても、これからの問題にはしなくていい、というわけである。バリッシュがこの件を持ち出すのに躊躇《ちゅうちょ》していたら、LIGOは実現していなかっただろう。

三億ドルの予算を得て、息吹き返したプロジェクト

一九九四年、このアイデアが生まれて四半世紀、バリッシュは見直しによって三億ドルを上回った予算を示して、NSFの信頼を取り戻した――「キップが向こうをうならせ、私がいくらか現実を示したのです」(ソーンはこの社交辞令を退ける。議論の大半は、初代の検出器で重力波が検出されそうにないという、ソーンがかねてから主張していた予想と、次世代の検出器なら可能だという見通しとに費やされていた)。予算が約束されたばかりか実際におりたおかげで、LIGOはキャンパス内の比較的小さな実験室で小人数で行なわれていた革新的な実験から、大人数の技術者や科学者によって維持される二カ所の大掛かりな観測所へと昇格した。一九九一年にはカルテクのトレーラーに据えられた地味な研究開発制御室とそこを貫く四〇メートルのパイプ二本だった施設を、規模を一〇〇倍にしたうえ、数を倍にすることになったのである。倉庫のような大きさの実験棟をルイジアナ州とワシントン州

の二カ所に建てるのだ。用地を調達し、建物を建て、トンネルをつくり、一万八〇〇〇立方メートルを超える容積を高真空にする必要があった。精密測定の専門家が隣接分野から引き込まれた。ビームパイプの設計・敷設や、レーザー装置や鏡の組み上げの監督を担当する科学者や技術者が加わった。人数がどんどん膨れ上がるこの集団は、本当に検出できる性能をもつ現実の装置が地球上にできるという期待を胸に精を出した。「バリー・バリッシュは史上最も有能な大規模プロジェクト管理者ですよ」とソーンは力説する。この見方は広く共有されている。根拠のある意見をもつ者のあいだではあるいは満場一致で。

ネブラスカ州オマハ生まれと聞いていたので、度胸満点で、大きなバックルのベルトを締めた、脚のひょろ長い、粗野な物腰の人物を想像していた。私が抱いていたこの偏《かたよ》ったカウボーイ的イメージを、彼は「でも、九歳でカリフォルニアに引っ越しましたよ」と言って正した。就任当時から冗談好きだった彼は今も陽気だ。話しぶりには軍人のような率直さがある。声高でも、穏やかでもない。そして、たちまち敬意を集める。狙ってではなく、結果として。とにかく優れた決断を下すのだ。手際のいい彼は、建屋《たてや》と装置だけではなく、科学者からなる規模を増す一方の合同組織をつくりあげた。LIGO科学コラボレーションは実験家に限らず世界中の理論家や時には観測家も参加するまでに発展し、新たな観測施設から最大限の天文学的見返りを得ようと尽力する世界規模のコミュニティーになった。

大規模な重力波観測施設をめぐる問題はこれまでにないものばかりで、従来の管理手法では解決できなかった。たとえば、制御系には自動化が必要とされ、複雑なフィードバックループに属する複数のノブを操作する多次元相互作用系として、解析的で再現可能な手法でシステム化することが求められた。カルテクの〈四〇メートル〉プロトタイプでは、第六感にも見える洞察力をもって制御系を運用していたオペレーターたちに畏怖の念が抱かれる場面があった。だが、一〇〇倍の規模での運用は、ノブの微調整を通じて得られる洞察力に頼るわけにいかなかった。動作制御はもっと堅実で、長期的な見通しの立つものでなければならなかった。表面的にすりあわせるだけでは済まず、もっと深く統合する必要がある。最先端の新設計を数々採り入れたうえ、それらを総体として運用しなければならなかった。バリッシュはさまざまな分野から科学者を集めた。重力波に携わったことのある科学者などいなかったからだ。彼は中止となった超伝導超大型加速器に携わっていた制御系の専門家を雇った。彼らを小規模だったLIGO部隊に加えたところ、専門家としてノブに手をかけられなくなった者の怒りを買って、問題になった（ジェイミー・ロリンズはこのころから「ガーディアン」〔訳注　「後見人」や「守護者」の意〕という、最先端の装置からなる制御ループの設定を行なって干渉計のロックを最高感度の状態で維持する、高度な自動化パッケージを開発していた）。

実用化設計も初めてだった。干渉計には物理学において特筆すべき歴史があるが――よく紹介されるのは一九世紀のマイケルソン＝モーリー干渉計で、光の媒質だとかつて（誤って）考えられていた、架空の〝エーテル〟を葬り去った――ワイスが一九七〇年代にプライウッドパレスで最初のプロトタイプをつくるまで、懸架質量干渉計がつくられた事例はなかった。カルテクの〈四〇メートル〉プロトタイプから一〇〇倍大きな装置へという拡張の前例などもちろんなかった。このようなスケールアップが科学の世界で試みられたことがなかった。すばらしいプロジェクトがあった。資金が手に入った。優秀な人材を雇った。次は施設が必要だった。「NSFから資金を得たら、その使い方を心得ていることを示したいでしょう」。バリッシュが重視したのは着工、すなわち建物を建て、ドアを取り付け、パイプを敷き、真空系を用意することだった。鏡やレーザーや懸架系など、繊細な技術を要する部分には時間がかかりそうだった。

リヴィングストンの土地は私有地で、ハンフォードの場合と違って政府によるお役所仕事を省けることから、容易に着工できるはずだった。そこで、リヴィングストンを先につくることが計画された。そして一九九六年ごろに着工された。だが、その現場はリヴィングストンではなくハンフォードだった。

キリスト教原理主義者との諍《いさか》い

ルイジアナ州では、当時は人口九〇〇〇人前後だったリヴィングストン郡との関係で問題が生じていた。ルイジアナは労働権法の州で、公有地を突っ切って観測所まで延びる二・四キロほどの道路を舗装したときにはピケを張られた。形而上学的《けいじじょうがく》な障害もあった。LIGOが建設に関して郡民との集会を開くと、通りを挟んだ反対側の小さな学校で、キリスト教原理主義者が同じ時刻に集会をぶつけて、同郡の人びとに特殊創造説（訳注　旧約聖書の創世記の記述をもとに地球の年齢を六〇〇〇～一万年とする説）を説いたのだ。一〇億年前の信号を観測する装置は、彼らの教義的野心と相いれないらしかった。だが、LIGOの活動を支援する人もいた。地域住民からバリッシュのもとへ初めて届いた手紙は、通りを挟んだ小さな学校での集会に出ていた教師からだった。彼女は、自分の生徒のためにルイジアナにこの科学活動を持ち込んでほしいと懇願していた。自分が携わる仕事の派生的な――政治的な、そしてことももあろうに宗教的な――影響を考えさせられたとき、バリッシュは自分の影響力の及ぶ範囲がずいぶん広くなっていることを理解した。(ちなみに、それから二〇年近く経つが、観測所を怪しむ向きはまだいるようである。バトンルージュ空港への降下中に一辺四キロのL字形干渉計の上空を飛んでいた飛行機の中で、ある男性が隣に乗りあわせていた乗客――たまたまLIGOの科学者だった――に、眼下に見える政府の秘密施設はタイムトラベルを目指すものだと告げた。彼の説によると、片方のアームは未来に、もう片方は過去へ行くためのものらしい)

着工までに特殊創造説の支持者が優勢になるかもしれないのが気がかりながら、現実問題として土地より政治を動かすほうがはるかに難しいことから、バリッシュはすぐさま「順番を逆にする」と宣言した。こうしてハンフォードの着工が先行したが、そちらにも問題がないわけではなかった。建設に必要な水の確保に問題が生じ、予定より深く掘る必要が生じていたのだ。エネルギー省はもっと深くまで掘ることの承認を渋った。バリッシュの推測どおりなら、初となる生産規模の原子炉があった場所に埋まっているかもしれない三重水素《トリチウム》やらなにやらが見つかる可能性を嫌ったのだろう。彼は謙遜して「圧力を掛けるのは苦手ではありません」と言う。類を見ない障害がいろいろ生じたが、二一世紀になると観測所に装備が入って運用が始まった。

できて間もないLLOの建屋で先ほど紹介した弾痕が見つかったとき（複数あったという話もある）、FBIからは事実上、施設のまわりに堀をめぐらせて高い柵を張るといった安全措置を講じるよう提案された。だが、バリッシュはそうする代わりに地元の猟友会で開かれた昼食会に出席した。ほどなく、この問題は収まった。ただし、誰かがワニを仕留めるまでは続いた。

一〇〇〇人以上からなる国際コラボレーションへ

全体として、バリッシュは二段構えのプロジェクトとしてなされた提案の輪郭をはっきりさせたと言えそうである。初代の検出器はできたての施設に二一世紀に入って間もなく据え付けられ、続いて改良型の検出器の製作が始まった。二〇一四年末にこの作業は完了し、二〇一五年秋には科学運用が始まることになる（初代の検出器をより高性能の検出器に置き換えることは、一九八九年のそもそもの計画）。第一段階は実験の潜在能力を示すもので、物理法則に違反することのない重力波検出の「可能性」があるとされていた（第一世代は技術を実証したが、検出には至らなかった）。第二段階では、改良型《アドバンスト》LIGOの建造により、検出は「有望」となった（そして、私たちは期待に胸を膨らませている）。彼はこう語る。

「科学者としては未知の領域へ踏み込みますが、実験家としては実験目標を達成するだけで

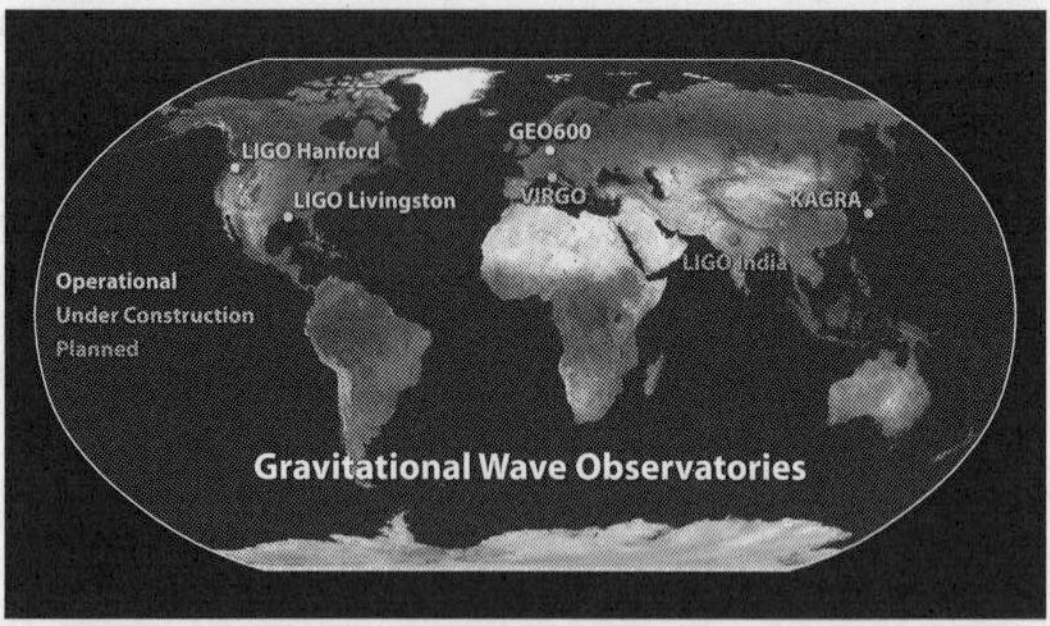

図13　世界各地の重力波検出関連国際コラボレーション。
Courtesy Caltech/MIT/LIGO Laboratory

す。自然は私たちに優しいかもしれませんし、そうでないかもしれません……科学はそうやって進歩させるものです」

バリッシュは国際リニアコライダーを率いるべく統括責任者を二〇〇五年に辞し、後任としてジェイ・マークスが雇われた。マークスの仕事はLLOとLHOでアップグレード中だった改良型装置の予算を確保することだった。初代のLIGO、研究開発、改良型へのアップグレード、運用予算をすべて合わせると一〇億ドルほどになった。

今は相談役のジェイ・マークスは、二〇一一年から統括責任者を務める、穏やかで落ち着きがあり、物腰の柔らかいデイヴィッド・ライツィーと毎週昼食を共にしている。ライツィーは相変わらず「楽しいこと」をするのが――何かをいじくりまわすのが、科学が、実験が――大好きだ。バリー・バリッシュ、ジェイ・マークス、デイヴィッド・ライツィーは三人とも優れた統括責任者で、任期中にそれぞれ乗り越えるべき困難な課題があったが、彼らの時代には以前よりリスクや騒動が少なく、説明にあまり紙面を要さない。

今日《こんにち》、この企てに携わって何らかの貢献をしている科学者や技術者一〇〇〇人以上からなる国際コラボレーションが存在する。世界には性能は劣るが同じような施設が稼動している。イタリアとフランスが主導するコラボレーションでは、LIGOより基線長《きせんちょう》の短いVirgoを運用している。ドイツにはLIGOの研究開発施設がある（GEO）。日本では独自の実験が進められている（TAMA。目下KAGRAを準備中）。インドでは第三のLIGOを建てる計画が進められているが、ほかでは見られない課題――科学文化の衝突や地政学的な障害――を抱えている。これらの頭字語と国と協力関係からは、大掛かりな国際的科学コラボレーション、ビッグサイエンスという印象が抱かれるに違いない。この地球規模の検出器ネットワークのなかではLIGOが最強だ。

改良型《アドバンスト》LIGOが設置され、較正《こうせい》され、運用が始まるのを誰もが待ち望んでいた。その目標期限を懐古と感傷と切りのいい一〇の倍数が際立たせる。アインシュタインが重力波に関する論文を発表して一〇〇周年となる二〇一六年のことだ。

ワイスはこう語った。「二〇一六年までに検出を達成するには働き続けなければなりません。これはとりわけ重要なことだと思います。そういう年になってほしいですからね。そんな一〇〇周年を迎えたい。呪文のように唱えてます、アインシュタインの論文一〇〇周年までに検出しなければ、とね。

検出できたら、このとんでもない大仕事のすばらしい締めくくりになりますよ」

15章　フィゲロア通りの小さな洞窟

〈小さな洞窟《ラ・クウエビータ》〉での一夜

ロサンゼルスの中心部に近くてカルテクからもそう遠くないハイランドパーク地区へ、一部の研究者が毎週火曜に飲みに出かけている（と、私を招待するメッセージに書いてある）。物理学サブカルチャーの特定の階層では特に、虚飾は全面禁止。事実を良く見せたり美化したりするのはなし。言葉はなるたけ倹約してできる限り生データのようにする。メッセージの文言も、「火曜に飲みに行ってます。よかったらどうぞ」

フィゲロア通りにある〈ラ・クウェビータ〉（訳注　「小さな洞窟」の意）のハッピーアワーは終わるのが遅く、火曜は時間によってはタコスがタダで、内装は「屋外《おくがい》」という雰囲気がないこともないが、実際には壁がレンガ造りというだけで屋根はあり、客はそこで酒を飲み、たばこを吸う。そう、たばこを吸うのだ。これには驚いた。いまどき誰が吸う？　そんな人はいない。ヨーロッパ人は吸うかもしれないので、煙を勢いよく吐いている者のなかにはヨーロッパ人がいるのだろう。アメリカ人も一緒になって吸っているが、それほどふかしているようには、吸いたくて吸っているようには見えない。

〈ラ・クウェビータ〉の照明は標準的なバーにお約束で求められているより暗めで、音楽はイカしており、バーテンダーは一九八〇年代風のパンクの格好をしている。八〇年代をあの格好で生きたならちょっとひどいが、ここでは斜《はす》に構えた私の心をうまいこと捉えている。というわけで、軽いと思ったことなど一度もないパソコンに、身体をどこか痛めそうなほど重い学会の論文、そしてロサンゼルスの夜のひどい冷え込みに備えた手袋とセーターを詰め込んだボストンバッグをもって途中結構歩くことになるのだが、私はこの店が好きだ。

二人用のテーブルのまわりにいくつも寄せ集められたバー・スツールに、多彩な訛りの英語を話す科学者の一団が陣取る。私たちは流れ者だ。経歴の話は必ず出てくる――「ラナと同じ時期にMITにいた?」とか。二、三年の研究職のために、大学院のために、誰もがうらやむ希少な教職のために、来たばかりの人が絶えずいる。そして二、三年の研究職のために、大学院のために、誰もがうらやむ希少な教職のために、出ていく人が絶えずいる。概して、教職の地位にある者はこの毎週火曜の飲み会には招かれない。

科学者はボルダリング競技の取っ手や丸石のようなもの

私は実験家の集まりにもぐり込んでいる。私には聞きたいことがあった。重い話ではなく、彼らの才能を試そうというものでもない。彼らは装置の専門家で、私は部外者。なので、店が「タコ・チューズデー」と呼ぶ週一番のお得な夜に私が顔を出したことでかき立てた興味――ジェイミーが小声で「君は科学界で地位が高いから」と言う。当てこすりでありませんように――が薄らぎ、酒が進み、不真面目な話が語られ、自分が一参加者になったときはうれしかった。

ポスドク――ポストドクトラル・リサーチ・サイエンティスト（博士研究員）の略称――はとりわけ出入りが激しい。彼らの住むアパートはAV機器が備え付けで、一過性の滞在にぴったりである。何人かの部屋におじゃましたことがあるが、国を越えて旅してきた子ども時代の思い出の品があったり、一〇年以上前にキャンパス近くで拾われた特徴のない寝椅子が置かれたりしている。使い古されたぼろい家具は部屋の広さとまったく釣り合っていず、間取りに対する関心のなさが表れている。備え付けの暖炉の前に自転車が置かれていることもある。要は、どの部屋も「ここにいつまでも居るつもりはない」というメッセージを発しており、住人が予想外に何年も居続けていようともそれは変わらない。二年、四年、五年とそこを拠点にしていても、すっかり居着くことはないし、いつ出ていくと決めるわけでもない。科学者どうしのつながりは何十年と、生涯にわたって続く。会う場所は〈ラ・クウェビータ〉かもしれないし、ルイジアナならＬＩＧＯの観測所、ヨーロッパならイタリアのＶｉｒｇｏだ。次回のコラボレーションの会合はフランスのニースで開かれる。日本やインドでも顔を合わせるだろう。私たちの人生という長い水脈は、地表を離れた、私たちの頭が位置するあたりを貫いて広がる、この科学コラボレーションの中を流れていく。

科学者は、ボルダリング競技で言えば、手掛かり・足掛かりとしていいところにねじ込まれている取っ手やノブ、丸石のようなものだ。科学はこの壁に似て、知識を混ぜ込んでコンクリートで固めたようなものであり、まるっきりの人工物だが、現実に即していて、私たちの頭のフィルターを通してのみアクセスできる。自然科学や数学では客観性の追求が重要だが、この壁は各人を通じてしか登ることはできず、各人には――フランスの男にも、ドイツの男にも、アメリカの女にも――個性がある。ということで、この壁登りは個人的な営み、なんとも人間くさい企てであり、実際の探求活動をどんどん拡大して見えてくるのは個人であって、プラトンが説く原型《イデア》ではない。結局のところ、客観的であれという私たちの理想がいかに高くとも、それに負けないほど個人的な営みなのである。

タコ・チューズデーのメンバーは交友関係と科学的関心をもとに選ばれており、ここで顔を合わせる者のあいだに漂う親近感は、交わされている会話と同様、本物であり、仕事とは関係ない。そして、いくらか疲労感も漂っている。

現場のポスドクたちによる検出時期予想

私がポスドクたちと初めて飲みに来たのは二〇一三年二月で、LIGOはたぶん改良型へのアップグレード中だった。実質的にaLIGO（Advanced LIGOの略）という新装置になるのだ。私が二〇一五年の話を持ち出し、初めての直接検出がなされる見通しを尋ねると、含み笑いが起こり――あれを〝皮肉な〟と形容するのは正確ではない――、否定的な言葉が相次ぎ、多くが首を振った。無理、無理、二〇一五年なんて。「さあ、もしかするかも」と誰かが大声を上げる。「一、二ヵ月試験運用できるかもしれないけど、無理」。検出はゼロ。二〇一八年というずいぶん悲観的な予想も出た。この章を書いている二〇一五年三月下旬だったら、もっと楽観的になれる理由があったかもしれない。

彼らは一九七〇年代ないし八〇年代生まれだ。九〇年代生まれも一人か二人いるかもしれない。ジョセフ・ウェーバーの名は誰も知らない。だが、彼らは同じ船をつくろうとしているようなものである。いや、待て、もう少しひねろう。彼らは同じ宝を探しているようなものである。読んでいるのは同じ地図、それも時代錯誤のような技術が失敗に終わった場所で拾い上げた地図だ――そこで使われていたのは、老マッド・サイエンティストが設計した、正気の沙汰ではなく、失敗を運命づけられていた、普通では考えられないような棒型検出器。ウェーバーに発見という苦悶を呼ぶ主張を思いつくよう促した、種《たね》も仕掛けもない実験室サイズの金属の塊《かたまり》だ。

全員に漂う疲労感は、付きまとう不安によってさらに悪化していた。各人は担当（懸架系、光ファイバー、DC出力への移行）をめぐる無言の懸念に悩まされており、全体としてこの共同プロジェクトに関して聞こえてくる懸念（設置を急ぐ必要性、感度の目標、コミュニティーからの評判）に悩まされている。だが、不安混じりの興奮の作用があってか、落ち込んでしまうわけでもない。装置は稼動間近で、彼らは日々汗水垂らしてこのミッションをじりじりと実現へ引き寄せている。

この来たるべき発見を語るのに、誰もが各人なりの、様式化された表現を編み出していた。専門用語を避けたりややこしい説明の要る概念を隠したりするための言葉選びの点で、誰の言い回しにも独特の癖がある。数え切れないほどさまざまな表現が飛び交う。略語も飛び出す。テーブルを囲む男女は皆、この発見にかかわるという得がたい権利を勝ち取ったチームの一員だ。やっていることはただのブラックホール探しではない。既知の天体の棚卸《たなおろし》ないし索引づくりではない。

耳を傾けようとしているのは、この宇宙で働く基本的な力の直接メッセージであり、それが基本的な力の媒体によって直接もたらされる。私たちは自然の基本法則のメッセンジャーが発する声に、直接耳を傾けようとしているのだ。「直接」や「メッセージ」や「基本」を用いた言い回しのバリエーションはもう種《たね》切れだが、読者の皆様にミームは伝わっただろう。あの晩テーブルを囲んでいた彼らにも伝わったように。各自がそれぞれの発言でどんな言葉を組み合わせていたにしても。

基本法則との直接対話はいかにして行なわれるか

装置に届くのは、重力効果の最も甚大かつ激烈な集中によって送られてくるメッセージだけだ。となると、裸のブラックホール、ビッグバン、恒星の爆発が有力な候補となる。だから、私たちの野望――基本法則との直接対話――は大きいが、この宇宙に存在する創造物それぞれに対する感嘆の念に浸《ひた》れる。

ブラックホールどうしが衝突するとそのまわりの空間が鳴り響き、完全な球形の、回転する、もっと大きなブラックホールが残って、空間が落ち着いて鳴りやむ。コンパクト連星のどのような合体でも、周波数と振幅が大きくなっていく典型的な〝チャープ〟音が出る（訳注 英語の chirp の原義は〝小鳥のさえずり〟）。音は軌道の詳細によって決まるので、空間というドラムを鳴らしていたスティックの軌跡を再現できる。

中性子星どうしが衝突するとかなりの確率でブラックホールができるが、その過程で中性子星の地殻の塊が飛び出すことが考えられ、これによって質量が十分小さくなると、この大騒動のあとに中性子星の新たな残骸が残る可能性がある。基本的に、中性子星は合体するまで望遠鏡では見つけられない。だが、衝突の瞬間（といってもその定義は緩《ゆる》いが）、磁場をもつ超伝導・高密度の核物質の球が粉々になり、ガンマ線（X線より高エネルギーの光）の爆風を噴き出す。既知で観測や調査が済んでいるガンマ線バーストのうち、あるカテゴリーに分類されるものは中性子星の衝突に由来するとされている。該当するバーストは観測衛星に目撃されてはいる。写真にも撮られているが、分析は進んでいない。爆発が数分の一秒しか続かず、それに焦点を合わせて高解像度画像を撮影することができないからだ。だが、エネルギーのほとばしりを追跡したり、バーストの閃光とその消滅を目撃したり、ときには暗い残光を記録したりはできる。重力波の観測所と光の観測衛星が協力すると、科学的な展望が大きく広がる。ＬＩＧＯはインスパイラルの最後の数分を記録しつつ、連携する衛星に方向転換を指示して、今にも起こるバーストを探させることができる（ＬＩＧＯは事後解析に備えてデータを残しているので、逆も可能だ）。この発展中の研究分野は、データを光波と重力波のどちらからも得ることから、「マルチメッセンジャー天文学」と呼ばれている。コンパクトな残骸を生む超新星爆発も検出候補の一つだ。恒星は数世紀に一度、望遠レンズのお世話にならずに私たちの肉眼で見えるくらい地球に近いところで爆発している。天の川銀河では平均してもっと頻繁に爆発が起こっているが、それによる重力波のパワーはブラックホールの衝突の場合よりずっと弱い。現段階の説のとおりなら、銀河系外の超新星爆発の音を聞くのは改良型のＬＩＧＯでも難しいだろう。

いかにして雑音の中から音を聴き分けるか

超新星爆発の音は独特だが、爆発の詳細に応じた違いもある。クジラの鳴き声のようだったり、ムチのように鋭い音だったりするのだ。この激しい事象において質量に加速度の加わるようすが直接反映された音になるのである。超新星爆発はすべてバーストに分類されており、ＬＩＧＯチームには、予見されているものもいないものも含めて、バーストの検出と解析を専門にするサブグループがある。初めてとなる検出の候補として超新星に賭けている科学者もいるが、頻度がどうであっても音が小さすぎて聞こえないという予想のほうが多い。

孤立した回転する中性子星も典型的な重力波源の一つである。その表面が完全な球形なら、時空の歪《ゆが》みとしての波は起こらない。だが、表面に少しでも山があれば、偏《かたよ》った円を描いて回るパドルのごとく、回転に合わせて空間の形状をこねまわすことになる。わずかに起伏のある回転する中性子星からの音は何の変調もなされない純音となり、音の大きさも高低も変わらない。つまり、回転する中性子星にでこぼこがあると、一本調子の音が平板に続くことになる。

ビッグバンは、耳障りな音を出す収拾のつかない混沌だったに違いない。宇宙創成による重力波の音は、均《なら》すと特徴のない白色雑音《ホワイトノイズ》、定常的なヒスノイズのはずだ——一四〇億年近く経った今では、本当にかすかな「シューーー」という音だろう。ビッグバン直後の宇宙の進化に関する現状の理解に基づくと、最初の一兆分の一の一兆分の一の一兆分の一秒以内に起こった時空の膨張によって、この雑音の波はほぼ無音というところまで引き伸ばされている。ビッグバンがとにかく〝バン〟といったのは確かだ。だが、この重力波は今では静かすぎ、LIGOがこのごく初期の音を捉えるとは期待されていない。LIGOの性能では追いつかないが、宇宙空間の干渉計というミッションが成功したなら、数十年のうちにビッグバンの残響を直接検出できるかもしれない。

統計的に言ってもう一つ、異なる銀河に存在する関連のないコンパクト天体がたまたま検出器で支離滅裂なハウリングを起こすことが考えられる。コンパクト連星が重複すると背景重力波が生じうるのだが、干渉計が宇宙空間に打ち上がるまでは大きな問題にならないだろう。

宇宙に臨む新たな窓への見通しを取り上げたソーンの講義を初めて聴講したとき、私はまだ見ぬ何かを、予期せぬ何かを期待していた。私たちが想像すらしたことのない天体物理学現象が存在するだろうか？　ダークマターの音を聞けるだろうか？　ダークエネルギーのは？　ダーク次元のは？

長い一日の終わりになると、会話がふと途切れた隙に実験上の課題について具体的な話が持ち出される。大きなテーマの一つが雑音だ。コラボレーションには雑音の専門家がいる。雑音はそもそもどのような科学実験でも重要な要素であり、この実験も例に漏れない。重力波を音になぞらえているから雑音と呼んでいるわけではなく、狙ったものを検出器が捉える性能における誤差という意味である（訳注　音の話に限らず、科学・工学分野では、求める信号・情報に対する不要な信号・情報を指して、英語ではnoise、日本語でもやはり「雑音」や「ノイズ」と言う）。重力波実験における〝雑音〟はこの両方の意味合いをもつ。一つは、受け入れなければならない誤差、言い換えると精度の低さ。もう一つは、この分野ならではだが、音。〈ラ・クゥエビータ〉で会話に耳を傾けているとき、相手の言葉は大きな背景音に混ざって届く。欲しいのは相手の声の信号だが、音楽にかき消されている。予測可能な雑音――あの店の場合は音楽――を除去する手の込んだアルゴリズムが開発されているが、ほかの客の声をすべて除去すること、すなわち解析したいものを浮き上がらせ、ほかを消し去ることは至難の業《わざ》だ。この装置で検出された重力波がどれも背景雑音より静かという可能性も十分ある。データ解析の担当者は喧騒から浮き上がるほど大きくはない音を、雑音に埋もれた音を、拾わなければならないのである。

重力波の記録を天空の明るい光源と結び付けられれば、証拠が補強しあって単体の記録よりはるかに大きな説得力をもつ。オストライカーのような懐疑派は負けを認める前に、マルチメッセンジャーによる描像を求めるだろう。

休む間もなく回り続けるローテーション

若い世代の科学者たちは、もちろん自我をもってはいるが、各自がこの巨大な装置の部品であるかのように、ローテーションで観測所に詰めている。改良型の鏡やレーザーや防振系の設置はどちらの観測所でも終わった。次の段階は稼動させること、すなわち設置した各部を統合して一つの総体として機能させることだ。LLOの干渉計はすでにロック状態（訳注10章を参照）を達成していたが、つい先日LHOの干渉計もロック状態を達成した。設置されたばかりのこの改良型装置は、ここ数週間で集まってきた男女で編成されたいくつかの小グループによって運用モードにもっていかれた。実験家は皆、そのとき交代で作業に当たっていた担当者と組んだので、誰か一人の手柄というわけではない。私は夜になるとちょくちょくログを覗いたものだが、午前四時二三分：「再びロック、四〇秒ほど。その間《かん》どの信号も昨晩より安定に見える」などという投稿を読むともう眠れなくなる。状況が後退して、「ロック全般に関して今日は特にひどい一日だった」という投稿もあった。それが数晩後、午前五時二四分：「デジタルREFL91（@0pmオフセット）で制御されたCARMとASAIR　45Qで制御されたDARMで一時間以上ロックしている。出力ビルドアップはシングルアームビルドアップの一一〇〇倍で、干渉計のリサイクリングゲインは33W／W……

つまり干渉計の鮮明度《ビジビリティ》は約94％」という投稿がなされた。内容をもっとよく理解しようと頭字語の用語集を引いたが、喜びはすぐに伝わってきた。干渉計はロックされ、感度はまだ十分とは言えないが良好なのだ。

翌朝、ログのところどころに、休む間もなく装置の完成に向けて作業を続けている科学者チームに対するお祝いや感謝の言葉があった。ワイスは「初の雑音スペクトル！　よくやった」と投稿していた。初めてロック状態を実現してから設計感度を達成するまで、初代のLIGOでは調整に四年近くかかったが、改良型《アドバンスト》LIGOでは物事がずっとハイペースで運んでいるようだ。その晩聞いた見通しによると、向こう半年で、わずかな残響が聞こえるほど応答が鋭敏になるまで装置の感度を上げる。次いで、二〇一五年九月から最初の科学運用が始まり、この段階では装置を数週間ほどロック状態に保つ必要がある。目標は、四キロメートルと四キロメートル±原子核の幅の一万分の一との差異を測定することだ。現統括責任者のデイヴィッド・ライツィーはログにこう投稿した。「すばらしい！　全員にノイズハンティングの許可を与える！」

〈ラ・クウェビータ〉に顔を出す科学者の多くが制御室やLVEAでの作業に携《たずさ》わっている。彼らはこれから制御系で使われるプログラムを開発したり、鏡のコーティングをテストしたり、電子部品のはんだ付けをしたりすることになる。彼らはカルテクには出張で来ていたり、仮住まいしていたりする。テーブルを囲む私たちの会話の中身には脈絡がない。日常的・世俗的な話をしていたと思ったら、いきなりまったく抽象的で怪しげな話をしだしたりする。

雑多なことを話題にし、互いにからかい、誰かをひやかし、ふざけあい、専門用語を口走る。最後の一杯が空く。そろって店から人気《ひとけ》のない真っ暗な通りに出る。上げられた腕がどこに向かってでもなく振られる。集団が歩道をそのまま進むほうと道路を渡るほうに枝分かれしていく。誰もが粗末な部屋と貧相なシーツへ、共用のベッドルームや友人のカウチへと戻る。途中だった議論は翌日再開される。バーの喧騒の余韻が耳に残っているが、音叉の音のように漫然としている。こうした耳鳴りはありがたいことに一過性で、それが聞こえてくるのは意識して静寂を求めたときだけ、時折ぼんやり物思いにふける物静かなひとときに身を委《ゆだ》ねたときだけである。

16章　どちらが早いか

ヴォートのその後

ロビー・ヴォートは、「彼らは確実に重力波を目にすることになるでしょう。疑いの余地はありません」と総括した。「ですが、私の発見とはならないでしょう。発見は新聞で読むことになります。

後悔はしていません。何も……傷は癒えています。今では昔話ですよ。私には新たなキャリアがあります。国防に携《たずさ》わっているんです……誰にも雇われていません。フリーエージェントです。仕事は自分で選ぶ。しかし、政府の職員ではない。だから、ワシントンで行政府に最終報告をするとき、私には軍の高官には言えないことが言えます……思うところを述べる自由があるので、恩返しをしています……八五歳の男にとっては実にわくわくする仕事です。

カルテクは私の故国でした。心を通わせられる存在でした。家族であり、母国だったのです。残念ながら、今はそうとは言えません……挫折は何度も経験しましたが、そのたび、人生は何らかの形で再び埋め合わせをしてくれました。首になったとき、辞めざるをえなかったとき、あるいは……それはもうつらかったです。ショックでした……ですが、必ず誰かがいいタイミングで手を差し伸べてくれました。この人生に何か変化があるたび、私を助けてくれる人がいたのです。運のいいことに。

私はたまたま、核軍縮主義者で、かつ核兵器に関係する仕事をしています。この国や世界が核軍縮を願うようなことになれば、私が実現しましょう……私たちは核拡散に反対でした……私はゼロを主張したことはありません……一貫して〝少数〟を唱えています。ゼロになることはないでしょうから。人間は互いを信用しようとしませんので、ゼロにはなりえません……しかし、二、三ダースにまで削減できれば、地球をだめにはできなくなります。現状の四〇〇〇発ですと、この惑星を住めなくできるうえ、残念ながらこの惑星には核戦争を始めかねない狂った人たちがいます。ですが、彼らの手に四〇〇〇発もなければ、ほんの二ダースしかなかったなら、都市は破壊できますが、この世の終わりにはなりません。良からぬことではありますが、終わりではないのです。四〇〇〇発も使われれば、地球上の生命は死に絶えます。それも、何世代も惨《みじ》めな死が続いた末にね。私はそれを防ぎたい。私が力を一番発揮できるのはインサイダーとしてです。誰もが私は核兵器に反対だと知っています。私は自分の信じるところのために闘いますよ」

この二カ月前、ヴォートは会う約束を健康上の問題を理由に土壇場でキャンセルしてきた。

うわさによると、アフガニスタンにいたときに車列が襲われたらしい。武器に関する彼の仕事への報復として標的になったのだ。あの襲撃で彼は背中にけがを負い、手術を何度も必要とされたがうまくいっていなかった――背骨の近くに何か？　破片でも？

「この国には借りがあります。この国はずっと私に親切でした。私が生まれた国よりずっと」

私たちはLIGOの建物の外で、長い長い別れのあいさつを交わした。立ったまま、そわそわと落ち着かない感じで。古い木製の扉から人がぞろぞろ出てきて、こちらを二度見する。ヴォートの姿を見てLIGOの科学者たちが手を振るが、ちらりと見やるだけで、声はかけない。ヴォートのほうは話したそうだった。自分のしている仕事とその理由について、この国を思う彼が抱いている恐怖について。彼は私の肯定も同意も必要としていなかった。私はどちらもしなかった。軍縮やアフガニスタンに関する意見を言わなかったし、あの場で私の意見は重要ではなかった。私はただ話を聞いた。上っ面な言葉は一言もなかった。何時間も絶え間なく続いた会話が終わるころ、私はほとんど息切れ状態だった。だが、物議を醸《かも》すこの人物に対して自分が何の判断もしていないことにも気がついた。彼の政治的見解は私とは違うが、私は何の政治姿勢も表明しなかった（私にしては珍しかったかもしれない）。そして、こうして会ったことで国家安全保障局が私のメール傍受を検討したくなっただろうか、などと無益なことを考えた。

ヴォートは別の職務でLIGOコラボレーションに数年携わってから辞めたが、本人は首になったと思っているかもしれない。バリッシュは辞表を拒まなかった。私自身がそうかどうかはこの件について、「彼はリーダーではない役割にはいられないのです。

わかりませんが」と言っていた。ワイスは和解を望んでいる。ワイスと後任の三人はヴォートをどちらかの観測所に招いて、彼が果たした役割への謝意を伝えようと、あの込み入った歴史の一章を書き換えようと画策している。

ワイス、復権したドレーヴァーを案じる

ワイスと二人でLHOの近くで、六人が難なく座れそうなボックス席に収まって夕食を共にしたとき、彼は最後にドレーヴァーと会ったときのことを話してくれた。統括責任者になったバリッシュは、ドレーヴァーに対する禁止事項をすべて解除し、規模が膨らんだLIGOの活動に加わるようドレーヴァーに促した。遺恨が消えるのを願ってのことだった。ドレーヴァーはLIGO科学コラボレーションに加わり、会合に出席し、自分の実験室から貢献できそうな方法を考え続けた。たいてい発言を控え、傍観的だったが、恨みっぽくはなく、気のおけない仲間との集まりの場に来ているふうだった。

LIGOコラボレーションの会合が二〇〇八年の春にパサデナで開かれたとき、ワイスはドレーヴァーの姿が見えないことに気がついた。そして、彼の姿をしばらく誰も見ていないことを知って、心配になった。胸騒ぎを覚えたワイスはカルテクのドレーヴァーの宿舎へ赴いた。扉を開けると、室内が本としわくちゃの服で散らかっていた。足の踏み場もない中で、二人は一緒に座っていられる狭い空間を見つけた。ドレーヴァーは安楽椅子に、ワイスは堅い椅子に座った。なぜかこういう細かいことが大事らしかった。二人はいつものようにLIGOの話をした。ワイスはスコットランドから来ていたある同僚の健康状態が思わしくないことを伝えた。それから一時間後、スコットランドから来ていた同僚の健康状態を再び問うたドレーヴァーは、先刻聞かされたばかりのその悪い知らせを初耳のように聞き、初めて知ったかのように心配した。ワイスも心配になった。

混乱し、忘れっぽくなっていたドレーヴァーは、ワイスが強く勧めたにもかかわらず、医者に診《み》てもらうことを拒んだ。そして、医者は高くつくとワイスに不平をこぼした。ワイスは気をもんだ。「彼はこの国でひとりぼっちでした。独身を貫き、友人はいませんでした。あの散らかった部屋にいました。そして、仕事に来なくなりました」

ゴールドライクが、ドレーヴァーと最後に会ったときのことを聞かせてくれた。「最終的には、飛行機に乗せて、母国にいる弟さんのもとへ送り返さなければならなくなりました。今では認知症です」。彼はこの最後の一言を少々口ごもった。私にそうと伝えたことを後悔してか、あるいはこの事実そのものを悔やんでか。「私は航空券を用意し、一緒に飛行機に乗って、JFKまで同伴しました。そして乗り継ぎ便に乗せて、弟さんのもとへ送り出しました。悲しいことです」

フルスケールの装置がまだ建造されていなかった一九九七年に、LIGOをどう思うかと訊かれたドレーヴァーは、どちらに転んでもおかしくないと答えている。LIGOは世間から大成功と見なされるか、お金のまったくの無駄遣いと思われるか、いずれかだろうと想像していた。

ドレーヴァー事件のあいだも、ソーンは彼と緊張関係はあったものの友好を保っていた。ドレーヴァーの専門的な能力に対するソーンの敬意が薄らぐことはなかった（ワイスが格好の例を挙げてくれた。ソーンが何ページもかかる単調な計算にはまっていたとき、ドレーヴァーが図による解法を示した。ドレーヴァーが数学で言うところの形式的計算をしたはずはないのだが、なぜか解法をうまく思い描けており、ソーンに生涯忘れられない印象を残した）。体調が不安定になり、認知症の徴候が目立ってくるまで、ドレーヴァーはソーンのグループの会合に顔を出していた。長年にわたっていろいろ衝突していたが、ソーンはそうした毎度の諍《いさか》いにも、好意的な感情を抱いていた。ヴォートと同様、ドレーヴァーもあまりキャンパスでは見かけられなかったが、たまに出くわしたときには、暖かい陽気のもと、歩道で立ち話になった。

ソーンは一貫してLIGOはうまくいくと思っていた。とはいえ、ここ数十年で乗り越えてきた技術的課題や、予想外の政治上の、あるいは心理上の障害を思い返すと、「驚くばかり」だそうだ。いつでも成功を疑っていなかったが、当初これほどの苦労は想像していなかったのである。彼は実験家たちを掛け値なしに誇りに思っており、自分が四〇年以上も前にいくらかの洞察をもとに思い描いたことを、科学的にはまだでも少なくとも技術的にかなえた彼らに、多大な敬意を払っている。ソーンは教え子たちとともに雑音源の定量化に長年注力してきたほか、出力ビルドアップの実際面にさえ貢献している。アームのパイプ内で散乱する光を解析した結果が、装置の仕様づくりに役立っていたのだ。だが、彼の才能と願望は常に理論寄りで、ときに思弁的にもなった。ソーンの自己評価によれば、LIGOに対する彼の最も価値ある貢献は、装置のもつ科学的な可能性の全体像を――「数多くの同僚や学生と相談しながら」――系統立てて示したことだった。ようやく自分の専門領域をチームにすっかり任せて、自分は発生源が立てる音の純粋な理論的予測に戻れるようになり、ソーンは安堵した。LIGOのための最後の大仕事として、ソーンは高性能検出器に関する科学的論証を書いて、来たる世代に託した。そして、「端《はた》から見ていられるようになって満足だよ」との言葉どおり、最新の感度曲線は数カ月に一度しか見ていない。また、大ヒット映画（『インターステラー』）の脚本執筆に協力したり、映画の製作に携わったり、友人のホーキングと初日の舞台挨拶に出たりという、映画業界での新たなキャリアを幸運に思っている。

ドレーヴァーは存命だが、状態はまったく芳《かんば》しくない。弟のイアンは手紙で私にこう伝えてきた。「私の心はロナルドのことでいっぱいですが、当人は相変わらずで調子よさそうです。昨日、介護施設へ行ってきました。預かってもらって二年ほどになりますが、ここの世話はまったく申し分ありません。兄が私を本当に認識しているのか、確信はできないのですが、たぶん認識しています」（訳注　ドレーヴァーは二〇一七年三月に他界した）。ウェーバーはこの世にいない。ヴォートは、歴代の統括責任者が招待しているのだが、LIGOの観測所に一度も寄ったことがない。ワイスは現場で手を汚しており、ソーンは定期的に顔を出している。ドイツの当初のグループのなかでは、ビリングスが本書の執筆時点で一〇一歳だ。ブラギンスキーは不安定な健康状態と闘っており、改良型《アドバンスト》LIGOが重力波を初検出するまで現役でいようとがんばっている。彼のグループは今も技術開発で重要な役割を果たしている（訳注　ブラギンスキーは二〇一六年四月に他界した）。ホイットコムはインドにLIGO観測所を建てる話を進めている。グラスゴー・グループのジム・ハフは、改良型検出器に不可欠な部品を供給している。彼はこう言う。「私たちはみんなとにかく達者でいようと懸命です」

最初の科学運用での検出を目指して

ワイスは「これからが大変です。そうは思いたくないのですが」と言う。七月には、雑音抑制の進捗《しんちょく》が近ごろ停滞しているLLOで鏡に関する問題解決に当たり、八月にはLHOへ赴いて、テストマスの制御装置を駆動するデジタル／アナログ変換器の非線形性を測定するという。「名誉と義務を強く感じていますよ。何か検出しなければなりませんからね。この国をずいぶんとじらしてきましたから」。彼はアインシュタインが一九一六年に発表した重力波に関する最初の論文の一〇〇周年までに結果を出そうと奮闘しているが、それを逃しても、重力波に関するアインシュタインの一九一八年の論文の一〇〇周年でも良しとするだろう。「嫌ですけどね、まあいいでしょう」。そして、最初の論文には誤りがあるからと一言添えた。

最初の科学運用で何か検出されてくれないと、と彼は思っている。なんでもいいから、宇宙からの音を初めて記録してほしい、と。「ほんとですよ、機能してもらわないと。ただ、言いづらいのですが、真の狙いはそこではありません。強い重力場を検出できなければ、このプロジェクトは失敗です……私たちはブラックホールを検出しなければなりません。検出できたら、信じられないような満足感が得られるでしょう。すごい成果ですよ、ここまでする価値があったことを示す」

ワイスはここ半年、LIGOの次の装置の展望について思案をめぐらせており、やはり遠未来を見据えているMITの若い科学者たち——リサ・バルゾッティ、マシュー・エヴァンズ、ナルギス・マヴァルヴァラ——とブレーンストーミングを重ねていた。画期的な実験が計画されている。長さ四〇キロの装置が議論されている。干渉計を宇宙空間に打ち上げるミッションが提案されている。こうした最近のアイデアからは彼の活力が感じられる。ワイスはこう力説する。コラボレーションは前進し続けなければならない。次世代の装置を検出後ではなく今設計すべきだ。検出後では遅すぎる。この分野が滞《とどこお》る、と。彼が思い描いているのは高音質《ハイ・フィデリティ》の遠未来だ。彼の大きな夢がかなえられた未来——今の世代の検出で見込まれているのはヒスノイズ混じりの割れた音だが、彼が求めているのは比類なき録音装置のスピーカーから流れる夢のような音である。「私が生きているうちにはないでしょうが、それは重要なことではありません」

宇宙のどこかで、二つのブラックホールが衝突する。宇宙の誕生以降では最大級となる途方もないエネルギーがかかわるこの事象は、太陽一〇億個分の一兆倍を上回るエネルギーを生み出す。二つのブラックホールの合体により生じる膨大なエネルギーは、純然たる重力現象という形で、時空の形状の波動として、すなわち重力波として発散される。

人類がなんとかして初めて記録しようとしている重力波については目下、その地球への到達と改良型《アドバンスト》LIGOの準備完了とどちらが早いかという競争になっている。ブラックホールの衝突か中性子星、はたまた恒星の爆発によってもしかすると一〇億年以上前に時空の形状が変動して生み出された波は、こちらへ向かって進み続けている。

今なおダイナミックな地球にかつて存在した超大陸で初期の多細胞生物が化石化したころ、衝突時の大音響の残響はもうこちらへ向かい始めていた。銀河系が属する局部超銀河団の合間をその音が進んでいたとき、この惑星では恐竜が闊歩《かっぽ》していた。お隣のアンドロメダ銀河を通過したころの地球では、氷河期が始まっていた。われらが天の川銀河のハローに突入するころになると、人類が洞窟で絵を描いていた。隣の星団に近づいたとき、私たちは最終ストレッチに差し掛かり、急速に発展する工業化の時代を迎えていた。蒸気機関が発明され、アルベルト・アインシュタインが重力波の存在を理論化した。私が本書の執筆を始めたとき、その音はアルファ・ケンタウリに達していた。

一〇億年単位の時間がかかる旅の終わりのごくわずかな期間中に、一〇〇〇人規模の科学者が参加するチームが宇宙からの調べを記録する観測所を完成させる。その音が太陽系外の星間を進んでいるあいだに、検出器は稼動状態になる。

その波が海王星の軌道に差し掛かったとき、残された時間はわずか数時間となる。太陽を通り抜けたところであと八分。制御室には誰かが詰めている。蛍光灯の光のもと、聞こうと思えば市販のスピーカーやヘッドホンで聞けるからと、戯れに検出器の音を聞きながら。そして、制御系になんとはなしに手を掛けていた普段と変わらぬ八分ののち、コンピューターの騒音、ファンが回る音、キーボードのキーをたたく音、装置そのものの騒音に紛れて、音がごくわずかに変わったことにもしかすると気づくかもしれない。データストリームをリアルタイムで解析している高度なコンピューターアルゴリズムがデータ解析の担当者たち宛てに通知《アラート》を送信し、――できれば真夜中に、めがねを手探りし、ベッドからふらふらと起き上がって、などとなれば劇的だが――最初に詳細を見た誰かが冷静に「これはそうかもしれない」と思うことになる。

本書は、重力波――音による宇宙史の記録、宇宙を描くサイレント映画を飾るサウンドトラック――の研究をつづった年代記であるとともに、実験を目指した果敢で壮大な艱難辛苦《かんなんしんく》の営みへの賛辞、愚者の野心に捧げる敬意の証《あかし》でもある。

エピローグ

二〇一五年九月に飛び込んできた〝音〟

二〇一五年九月一四日月曜日、どちらの観測所も準備が整っているとは言いがたかった。改良型で初めてとなる科学運用（O1《オーワン》）（オペレーション・ワン）は、その日の午前八時に予定されていた開始が一週間延期されていた。科学運用の場合、干渉計は人為的な介在なしにロック状態にされ、装置は放っておかれてデータを収集する。だが、システムのテストと最後の微調整をするため、代わりにER8（技術運用《エンジニアリング・ラン》8）が延長されていた。この技術運用での優先事項は安定性の向上、装置のロック状態維持、そしてアラートの配信準備だった。アルゴリズムパイプラインではある程度のデータ解析が自動化されており、検討する価値のありそうな信号をデータストリームから探すようになっている。アラートが出されると観測パートナーがそれに対応し、望遠鏡や観測衛星を操作して該当する天体を光で探すことになっているのだが、各地のパートナーにパイプラインからアラートを配信する手続きはまだ導入されていなかった。装置の準備は整っていたが、パイプラインは部分的にしか稼動していなかったのである。そこで、自分たちにもう一週間の時間を与えてデータを収集していたが、あまりうまくいかず、混乱や中断がたびたび起こっていた。

風の強い季節で、アリューシャン列島やメキシコ湾やカナダのラブラドル半島沖の方角からの暴風による微弱な地揺れが目立っていた。こうした荒天《こうてん》が大陸棚を打ち、地揺れの弾みで装置のロック状態を保てなくなる可能性があった。どちらの観測所も問題を抱えていた。LHOでは九月一三日日曜日の夕方にロック状態になった。LLOでは、ある院生が日曜の夜遅く、月曜の午前一時までかかるテストを実行した。その週末、LLOに詰めていたなかには、電波雑音の発生源に悩まされていたが、「運よく、家内から帰ってこいと言われました」という科学者もいた。LLOでは担当者たちがテストの実行を続けていたが、月曜夜中の一番暗い時間にいらいらしながらテストを切り上げ、そのあとようやく干渉計がロック状態になった。

装置が観測モードで放っておかれてから一時間も経っていなかった。LHOでは午前二時五〇分、LLOでは午前四時五〇分に、検出器がバーストを記録した。どちらの観測所でも制御室にオペレーターが一人だけ詰めていたが、二人とも何も聞こえなかったことだろう。信号が短すぎて耳では認識できなかったはずだ。

「これは訓練じゃない」

データが記録されてから五分もしないうちに、自動化パイプラインがこの事象を発見し、それが注目に値することをひっそり記録した。候補が記録されることはよくあるので、ヨーロッパの担当者がいつものように目を覚ましてログを覗き、候補事象の通知を目にしたとき、これといったドラマは起こらなかった。両観測所に干渉計の状態を確かめる電話が冷静にかけられた。オペレーターは二人とも万事順調だと答えた。

どちらの観測所でも数時間のうちに、活動を凍結して背景雑音を収集し、ロック状態が解除されて干渉計との接続が切られた。マイク・ランドリーが朝起きがけにログを覗いたとき、この候補に関するやり取りや臆測があふれていた。彼はすぐ「盲検《もうけん》注入だ」と思った。盲検注入とは、データストリームにわざと、ただし秘密裏に、模擬信号を潜り込ませることで、その目的は本物の信号に対処する態勢と能力がコラボレーションにあるかどうかの確認である。注入の実施担当に選ばれていた三人の科学者からなる盲検注入チームに対し、ランドリーはやや不満げに、「何やってんだ？　まだ準備できてないんだぞ」と思った。車でLHOに向かい、毎週月曜朝八時半の定例ミーティングに顔を出したところ、盲検注入チームの一人がたまたまLHOに来ていた。そこで、この機会を捉えて辛抱強く質問を重ねた。「今、盲検注入の期間中でしたっけ？」確実に盲検化するためのルールを尊重するなら、注入の有無をあからさまにはただせない。そうしたところで、相手は肯定も否定もしないだろう。しかし、注入の実施期間中かどうかは訊いていい。相手は少々驚いたように「いいえ」と答えた。

「盲検注入をテストしましたか？」

「いいえ」

「定期注入をテストしましたか？」

「いいえ」

質問の仕方が悪いのかもしれない。そう思った彼は、ほかにもいくつか表現を試した末に、こう問うた。「何らかの類いの注入を何かしらテストしました？」

「いいえ」

それを聞き、彼は「これは訓練じゃない」と思った。ランドリーは私にこう語った。「注入がなかったと気づいて、背筋が寒くなりました」

午前九時、ランドリーは国際コラボレーションが毎週開いている重要なテレビ会議に参加した。いろいろな声が聞こえてきたが、ほとんどが先ほどまでの彼と同様、あれは訓練だと予想していたようだった。ジェイミー・ロリンズも「すっかりそう思っていた」。ランドリーは会議に立ちっぱなしで参加しながら、LLOにいたゴンザレスと連絡を取ろうとした。そして会議の参加者についにこう伝えた。「あれは盲検注入ではありません」。カルテクのアラン・ワインスタインの声がした。「マイク……もう一度言ってくれないか」

＊

デイヴィッド・ライツィーからの「極秘情報」

二〇一五年一二月の中ごろ、私にLIGO統括責任者のデイヴィッド・ライツィーからメールが来た。件名は「LIGOに関する秘密情報」。こんな内容だった。「九月一四日、二台のLIGO干渉計が二つの三〇太陽質量前後のブラックホールによるインスパイラルおよび合体と矛盾しない信号を記録しました」。こうも書かれていた。「LSCとVirgoが三カ月にわたってこの信号を慎重に精査した結果、われわれが重力波の初となる直接観測を達成したとともに、初めてブラックホール連星を観測したと明確に結論付けました」。このメールにはライツィーとワイスとソーンの署名があった。「われわれは、この検出に関するいかなる情報も、二月中が予定されている論文発表まで公《おおやけ》にしてはならないことを強調します」。誰にも言うまい。私は震えた。それから数時間ほど、この事象を黙って思い浮かべてみた。裸のブラックホールが衝突して時空を揺るがし、その音をこちらへ送っているようすをイメージしようと――心の底から信じようと――した。

この衝突が私たちに送ってきたのは、人類がこれまで検出してきたなかでビッグバン以来最も高エネルギーの単独事象であり、重力波という形のそのエネルギーは太陽の明るさの一〇〇〇億倍の一兆倍分もあった。検出器は、太陽質量の二九倍のブラックホールと三六倍のブラックホールからなるペアによる最後の四周回を捉えていた。わずか数百キロしか離れていなかったこの二つは、光速にかなり近い速さで互いのまわりを回っていた。相手に向かって互いに落ち込んでいくとき、二つがあまりに近づいたことから、事象の地平面が歪《ゆが》んで衝突・合体し、でこぼこが均《なら》され、リングダウン（訳注　合体後に減衰振動する段階）を経て、太

図14　左よりキップ・ソーン、フランス・A・コルドヴァ（アメリカ国立科学財団）、ライナー・ワイス、デイヴィッド・ライツィー（カリフォルニア工科大学）、ガブリエラ・ゴンザレス（ルイジアナ州立大学）。2016年2月11日、ワシントンにて。　©THE NEW YORK TIMES/ アフロ

陽質量の六〇倍を超えるおとなしいブラックホールになった。この最後の数周回から、衝突、リングダウンまでという、記録された信号の持続時間は二〇〇ミリ秒だった。干渉計が検出したのは長さ四キロのアームに生じた、陽子の幅の約一万分の一という変化で、これはソーンらが何十年も前に理論化したまさにその範囲内のずれだ。それでも、信号はそのときの背景雑音を上回っており、この事象の音は大きいと見なされている。この信号を音として再生することは可能だが、ブラックホールが互いを引き寄せているときのチャープ信号の周波数上昇や、合体して最終的にできるブラックホールの形成過程での減衰など、信号波形の構造を人が認識できるようにするには、再生

速度を遅くする必要がある。データにはほかにも突出した値《バンプ》があるが、これほど目立ち、明快で、特徴的なものはない。これほど音の大きな事象がどれほど珍しいことなのかは、突き止めるのが難しい。

この一回の検出で、LIGOは一般相対性理論一〇〇周年を仕留めた。アインシュタインが重力の幾何学的説明を最初に提示したのが一九一五年一一月二五日。厳密なことを言えば、コラボレーションはアインシュタインがそのあと重力波に関して発表した論文というワイスの目標を上回ったのだ。

背中から下りたサル

そのワイスは「背中のこのサルが下りたことが何よりです」と言う（訳注　英語には〝厄介事〟などを意味する a monkey on one's back という言い回しがある）。

そして、「家内が急にこの分野に興味をもち始めましたよ」と言っておもしろがる。偶然だが、長年の友人である国立科学財団のリッチ・アイザックソンが、休暇でメイン州にいたワイスを九月中旬のあの週に訪ねていた。知らせを聞いたアイザックソンも最初は例に漏れず、「君はこの話を信じるのか？」と疑った。ワイスによれば、信号がハッカーにより悪意をもって注入された可能性さえ懸念していたが、そこまでの作為に必要なレベルの詳しい知識はおそらく人一人にもてる域を超えている。ただし、コラボレーションに属して最も深く関与している最も有能な科学者は別だ。だが、該当するごく少数は念のため尋問を受けていた。不信感がおそるおそる緩《ゆる》み、ためらいがちな興奮に変わった。

あのあと会ったとき、ソーンは「深い満足感に浸《ひた》ったよ」と言っていた。彼は、コミュニティーで支配的な見解がどう移り変わっても、初めて検出される発生源はブラックホールだと一貫して予想していた。ブラックホールが巨大なほど衝突の音は大きくなる。遠くにいても聞こえるので、本質的に数は少ないものの、検出器で検出できる事例も多くなる。ソーンにとって、問うべきは〝いつ？〟だった。

初検出は当分ないと考えていた実験家たちから辛抱するように言われていたことを話すと、「ラナは違う」と訂正された。「ラナは私に今回は検出がなされるだろうと言い続けていました」

この先見の明についてラナに訊いてみた。彼の答えは「いつもそう言ってるよ」だった。

その彼も、あの候補の話を廊下で耳にしたときは意に介さなかった。「稼動させたばかりだったからね」。慌てず騒がず、一日後にデータを見る機会があったが、信号があまりにきれいでほとんど滑稽にさえ思えた。なにしろ、理論上の予測波形から大きく外れているところがないのだ（雑音除去されたデータに現れた最後の数周回のチャープ波形に大変よく似たテンプレートは、私にも自分のブラックホールプログラムを使ってものの数分でつくれた）。

彼の望みは一般相対論への挑戦だった。自分の貢献で量子重力理論を検証するための装置が開発されたのならいい、という思いを抱いている。「これで僕たちはこれからもっとハードに働かなきゃいけなくなる」と彼は言う。

ワイスは自分にきっかり一分だけ夢想に浸ることを許した。「ブラックホール。昔の研究者はみんな手を出したものです。純粋な幾何学。純粋な時空の合体」。だが、それが済むと将来を心配した。検出器はすでに初代より感度が高い。どれくらい高いかというと、たとえば発表論文の原稿ではこんな表現がなされている。「ここで報告されている三八四時間という時間は、これまでなされてきたあらゆるブラックホール連星の総観測時間を上回っている」。それでも、LIGOの干渉計のこの高い感度をさらに高めなければならない。ワイスは仕事に戻り、装置開発にいっそう首を突っ込んで、検出器の雑音をもっと下げるのを手伝っている。約束どおりのフル性能で観測所を運用するために、チームはまだまだ働かなければならない。

私はワイスにこう声をかけた。「おめでとうございます、レイ。この興奮は言葉にできません。あなたの興奮は想像もつきませんよ」

「まあ、あのサルはこの背中から下りましたが、今は私の脇を歩いています。サルに訊いてください」

ブラックホールは重力波の歌をうたう

数十億年前、二つの大きな恒星が互いのまわりを回りながら存在していた。まわりに惑星があったかもしれないが、この連星系は惑星を宿すには不安定すぎていたかもしれないし、組成が単純すぎていたかもしれない。やがて片方が死に、次いでもう片方が死んで、ブラックホールが二つできた。そして漆黒《しっこく》の中、おそらく一〇億年単位の時間、互いのまわりを回っているうち、最後の二〇〇ミリ秒で衝突・合体し、その二つに出せる最大の重力波を宇宙空間に放った。

その音は一四億光年のかなたからこちらへやってきた。一四億光年のかなたからだ。LHOでロック状態が達成されたのは波が地球に達する数時間前、LLOでは一時間前だった。その日の深夜、ワシントン州の科学者たちは長い一日の作業を途中でやめて、家路に就《つ》いた。ルイジアナ州の科学者たちは、いらいらを募《つの》らせつつも工具を置いて、装置を観測モードにして放っておいた。一時間もしないうちに、波が地球に達した。重力波は南天からやってきて、ルイジアナをあっという間に駆け抜けてまずLLOで音を立ててから、光速でほぼ大陸面に沿って進んで、一〇ミリ秒と経たないうちにLHOに達した。

午前八時、波はもう地球から二〇億キロかなたにいる。休暇でメイン州にいたワイスがいつものようにログを覗き、何か必要なことはないか、手伝えることはないかを確認する。そして、両観測所の全活動の凍結を知らせる赤いエントリーを見つける。チームのほかのメンバーと同様、ワイスは不思議に思う。「いったい何事だ？」

プレスリリースが行なわれるだろう。科学論文が発表されるだろう。新聞に記事がたくさん載るだろう。文書が、国立科学財団への報告書が、入念に集められた記録が保管されるだろう。私たちはこれからも自分たちの最高の自画像を、私たちがここにいて、必死になって理解を試み、たいてい失敗し、たまに成功したという宣言を、宇宙空間に送り続けるだろう。

私たちはブラックホールが衝突する音を聞いた。これから手を尽くして、音のした方角を、かつて音を立てた宇宙空間の区画を割り出しにかかることになる。

南天のどこか、宇宙の膨張とともに私たちから引き離されている場所で、その大きなブラックホールはそれが属している銀河のなかを公転し、星間塵雲《じんうん》か漂流する星か何かが通りかかるまでは暗くおとなしくしているだろう。数十億年後、属している銀河が隣の銀河と衝突し、もしかするとそのブラックホールを、成長を続ける銀河の中心にある超大質量ブラックホールのほうへと放り投げるかもしれない。私たちの太陽はやがて死ぬ。天の川銀河はアンドロメダ銀河といずれ混ざり合う。この発見の記録も太陽系の残骸とともにいつかブラックホールへ落ちていく。この宇宙に存在するその他すべてもそうだ。膨らみ続ける宇宙はいずれ静寂が支配し、時間の終わりに近づくにつれてブラックホールはすべて蒸発して忘却のかなたへと消えていく。

謝辞

私は幾多の友人や科学者や技術者に恩を感じている。彼らは装置やコラボレーションの深い理解に導いてくれたり、ラボを案内してくれたり、黒板や紙とペンを前に何時間も付きあってくれたり、とてもいい話を聞かせてくれたりして、国内をあちこちめぐる旅を単に話を聞く以上のとても楽しい経験にしてくれた。ありがとう、ラナ・X・アディカリ、バリー・バリッシュ、リサ・バルゾッティ、エイダン・ブルックス、ジョスリン・ベル・バーネル、ヤンベイ・チェン（陳雁北）、イアン・ドレーヴァー、ジェニー・ドリガーズ、マシュー・エヴァンズ、ジョー・ジアミ、ピーター・ゴールドライク、ガブリエラ・ゴンザレス、エリック・グスタフソン、デイル・イングラム、リチャード・アイザックソン、マイケル・ランドリー、ニコール・リングナー、ソビー・マルカ、ツァ・マルカ、ジェイ・マークス、ナルギス・マヴァルヴァラ、シド・メシュコフ、ブライアン・オライリー、ジェリー・オストライカー、ラリー・プライス、フレッド・ローブ、ヴィヴィアン・レイモンド、デイヴィッド・ライツィー、ジェイムソン・ロリンズ、ダニエル・シグ、ニコラス・スミス、ヴァージニア・トリンブル、トニー・タイソン、ロビー・ヴォート、アラン・ワインスタイン、キャロリー・ワインスタイン。彼ら全員について何か書けたはずだし、おそらく書くべきだった。最終稿には一部しか残っていないが、本書のかつてもっと長かった原稿にはお世話になった彼らの多くが登場していた。編集段階で――残念ながら――割愛された逸話もいくつかある。

キップ・ソーンとライナー・ワイスには、寛大に接していただいたうえ、時間をとっていろいろな話を聞かせていただいたことに対し、最大限の敬意と称賛の念と謝意を表したい。本書が首尾一貫したものになったのは、このテーマに関する彼らの入念で地道な調査のおかげであり、その重要性はいくら強調してもしきれない。二人はその率直さと高潔さ、その才気と活気と熱意で私を絶えず驚嘆させている。彼らと知己《ちき》を得ていることを名誉に思う。

カリフォルニア工科大学とLIGO研究所のご厚意に謝意を表したい。とりわけ、ショーン・キャロル、キャロル・シルバースタイン、マーク・ワイズにお礼申し上げる。また、カルテクアーカイブズの職員の皆さんには、その勤勉さと継続的な努力に感謝している。

本書は、ブルックリンにあるDaMM（Dark Matter Manufacturing）とパイオニアワークスという、芸術家にとって得がたい二カ所の聖地で執筆された。ここを本拠とする友人たちに親愛の情と感謝の念を表する。本質的な無秩序、狂おしいまでの創作エネルギー、好意からのコメント、伝説的なパーティー、そして何より、創作に欠かせないインスピレーションをありがとう。

バーナード・カレッジには長年にわたる格別の支援全般に、なかでもプレジデンシャル・リサーチ・アウォードをいただいたことに大変感謝している。また、本書の執筆中のグッゲンハイム・フェローシップによる欠くべからざるご支援にも感謝している。リア・ハロランとチャップマン大学には、私がチャンセラーズ・フェローだった時期のご厚意に感謝する。ありがとう、マシュー・プットマン、パイオニアワークスに居場所をつくってくれて、そしていつも奔放なアイデアを披露したり歓迎したりしてくれて。

ありがとう、ジョン・ブロックマン、カティンカ・マットソン、マックス・ブロックマン、この大仕事に私を引き込んでくれて。ありがとう、ラッセル・ワインバーガーとウォーレン・マローン、本書のタイトル（*Black Hole Blues*）を何度となく口走ってくれて。

洞察に富み、理解力のある、優れた担当編集者ダン・フランクには特別な謝意を表したい。ありがとう、私の親友のペドロ・フェレイラ、信じられないような援護を。彼が言っていたことはいつでも、私がまさに言ってほしかったことだった。

ソーンとワイスとドレーヴァーが五〇年前に始めたこのプロジェクトの成就に重大な役割を果たした科学者や技術者を残らず取り上げることができず、悔やんでいる。本書で紹介した以上に大々的に取り上げてしかるべき人物が何十人といる。この不備の埋め合わせは不可能だが、代わりにＬＩＧＯ科学コラボレーションのメンバー全員の名を紹介することならできる。次ページから、世界中の一三〇近い機関から参加している一〇〇〇人ほどにのぼる公式著者名リストを挙げた。ここには装置を組み立てた実験家の名だけでなく、ＬＩＧＯの成功に尽力した世界中の理論家やデータ解析担当者の名も含まれている。また、ヨーロッパのVirgoプロジェクトの貢献者の名も挙がっている。ワイスの言うように「村中総出で」成し遂げたのである。

LIGO科学コラボレーションおよび Virgoコラボレーションのメンバー

B. P. Abbott, R. Abbott, T. D. Abbott, M. R. Abernathy, F. Acernese, K. Ackley, C. Adams, T. Adams, P. Addesso, R. X. Adhikari, V. B. Adya, C. Affeldt, M. Agathos, K. Agatsuma, N. Aggarwal, O. D. Aguiar, A. Ain, P. Ajith, B. Allen, A. Allocca, P. A. Altin, D. V. Amariutei, S. B. Anderson, W. G. Anderson, K. Arai, M. C. Araya, C. C. Arceneaux, J. S. Areeda, N. Arnaud, K. G. Arun, G. Ashton, M. Ast, S. M. Aston, P. Astone, P. Aufmuth, C. Aulbert, S. Babak, P. T. Baker, F. Baldaccini, G. Ballardin, S. W. Ballmer, J. C. Barayoga, S. E. Barclay, B. C. Barish, D. Barker, F. Barone, B. Barr, L. Barsotti, M. Barsuglia, D. Barta, J. Bartlett, I. Bartos, R. Bassiri, A. Basti, J. C. Batch, C. Baune, V. Bavigadda, M. Bazzan, B. Behnke, M. Bejger, C. Belczynski, A. S. Bell, C. J. Bell, B. K. Berger, J. Bergman, G. Bergmann, C. P. L. Berry, D. Bersanetti, A. Bertolini, J. Betzwieser, S. Bhagwat, R. Bhandare, I. A. Bilenko, G.

Billingsley, J. Birch, R. Birney, S. Biscans, A. Bisht, M. Bitossi, C. Biwer, M. A. Bizouard, J. K. Blackburn, C. D. Blair, D. Blair, R. M. Blair, S. Bloemen, O. Bock, T. P. Bodiya, M. Boer, G. Bogaert, C. Bogan, A. Bohe, P. Bojtos, C. Bond, F. Bondu, R. Bonnand, R. Bork, V. Boschi, S. Bose, A. Bozzi, C. Bradaschia, P. R. Brady, V. B. Braginsky, M. Branchesi, J. E. Brau, T. Briant, A. Brillet, M. Brinkmann, V. Brisson, P. Brockill, A. F. Brooks, D. A. Brown, D. D. Brown, N. M. Brown, C. C. Buchanan, A. Buikema, T. Bulik, H. J. Bulten, A. Buonanno, D. Buskulic, C. Buy, R. L. Byer, L. Cadonati, G. Cagnoli, C. Cahillane, J. Calderón Bustillo, T. Callister, E. Calloni, J. B. Camp, K. C. Cannon, J. Cao, C. D. Capano, E. Capocasa, F. Carbognani, S. Caride, J. Casanueva Diaz, C. Casentini, S. Caudill, M. Cavaglià, F. Cavalier, R. Cavalieri, G. Cella, C. Cepeda, L. Cerboni Baiardi, G. Cerretani, E. Cesarini, R. Chakraborty, T. Chalermsongsak, S. J. Chamberlin, M. Chan, S. Chao, P. Charlton, E. Chassande-Mottin, H. Y. Chen, Y. Chen, C. Cheng, A. Chincarini, A. Chiummo, H. S. Cho, M. Cho, J. H. Chow, N. Christensen, Q. Chu, S. Chua, S. Chung, G. Ciani, F. Clara, J. A. Clark, F. Cleva, E. Coccia, P.-F. Cohadon, A. Colla, C. G. Collette, M. Constancio, Jr., A. Conte, L. Conti, D. Cook, T. R. Corbitt, N. Cornish, A. Corsi, S. Cortese, C. A. Costa, M. W. Coughlin, S. B. Coughlin, J.-P. Coulon, S. T. Countryman, P. Couvares, D. M. Coward, M. J. Cowart, D. C. Coyne, R. Coyne, K. Craig, J. D. E. Creighton, J. Cripe, S. G. Crowder, A. Cumming, L. Cunningham, E. Cuoco, T. Dal Canton, S. L. Danilishin, S. D'Antonio, K. Danzmann, N. S.

Darman, V. Dattilo, I. Dave, H. P. Daveloza, M. Davier, G. S. Davies, E. J. Daw, R. Day, D. DeBra, G. Debreczeni, J. Degallaix, M. De Laurentis, S. Deléglise, W. Del Pozzo, T. Denker, T. Dent, H. Dereli, V. Dergachev, R. DeRosa, R. De Rosa, R. DeSalvo, S. Dhurandhar, M. C. Díaz, L. Di Fiore, M. Di Giovanni, A. Di Lieto, I. Di Palma, A. Di Virgilio, G. Dojcinoski, V. Dolique, F. Donovan, K. L. Dooley, S. Doravari, R. Douglas, T. P. Downes, M. Drago, R. W. P. Drever, J. C. Driggers, Z. Du, M. Ducrot, S. E. Dwyer, T. B. Edo, M. C. Edwards, A. Effler, H.-B. Eggenstein, P. Ehrens, J. M. Eichholz, S. S. Eikenberry, W. Engels, R. C. Essick, T. Etzel, M. Evans, T. M. Evans, R. Everett, M. Factourovich, V. Fafone, H. Fair, S. Fairhurst, X. Fan, Q. Fang, S. Farinon, B. Farr, W. M. Farr, M. Favata, M. Fays, H. Fehrmann, M. M. Fejer, I. Ferrante, E. C. Ferreira, F. Ferrini, F. Fidecaro, I. Fiori, R. P. Fisher, R. Flaminio, M. Fletcher, J.-D. Fournier, S. Franco, S. Frasca, F. Frasconi, Z. Frei, A. Freise, R. Frey, T. T. Fricke, P. Fritschel, V. V. Frolov, P. Fulda, M. Fyffe, H. A. G. Gabbard, J. R. Gair, L. Gammaitoni, S. G. Gaonkar, F. Garufi, A. Gatto, G. Gaur, N. Gehrels, G. Gemme, B. Gendre, E. Genin, A. Gennai, J. George, L. Gergely, V. Germain, A. Ghosh, S. Ghosh, J. A. Giaime, K. D. Giardina, A. Giazotto, K. Gill, A. Glaefke, E. Goetz, R. Goetz, L. Gondan, G. González, J. M. Gonzalez Castro, A. Gopakumar, N. A. Gordon, M. L. Gorodetsky, S. E. Gossan, M. Gosselin, R. Gouaty, C. Graef, P. B. Graff, M. Granata, A. Grant, S. Gras, C. Gray, G. Greco, A. C. Green, P. Groot, H. Grote, S. Grunewald, G. M. Guidi, X. Guo, A.

Gupta, M. K. Gupta, K. E. Gushwa, E. K. Gustafson, R. Gustafson, J. J. Hacker, B. R. Hall, E. D. Hall, G. Hammond, M. Haney, M. M. Hanke, J. Hanks, C. Hanna, M. D. Hannam, J. Hanson, T. Hardwick, J. Harms, G. M. Harry, I. W. Harry, M. J. Hart, M. T. Hartman, C.-J. Haster, K. Haughian, A. Heidmann, M. C. Heintze, H. Heitmann, P. Hello, G. Hemming, M. Hendry, I. S. Heng, J. Hennig, A. W. Heptonstall, M. Heurs, S. Hild, D. Hoak, K. A. Hodge, D. Hofman, S. E. Hollitt, K. Holt, D. E. Holz, P. Hopkins, D. J. Hosken, J. Hough, E. A. Houston, E. J. Howell, Y. M. Hu, S. Huang, E. A. Huerta, D. Huet, B. Hughey, S. Husa, S. H. Huttner, T. Huynh-Dinh, A. Idrisy, N. Indik, D. R. Ingram, R. Inta, H. N. Isa, J.-M. Isac, M. Isi, G. Islas, T. Isogai, B. R. Iyer, K. Izumi, T. Jacqmin, H. Jang, K. Jani, P. Jaranowski, S. Jawahar, F. Jiménez-Forteza, W. W. Johnson, D. I. Jones, R. Jones, R. J. G. Jonker, L. Ju, H. K, C. V. Kalaghatgi, V. Kalogera, S. Kandhasamy, G. Kang, J. B. Kanner, S. Karki, M. Kasprzack, E. Katsavounidis, W. Katzman, S. Kaufer, T. Kaur, K. Kawabe, F. Kawazoe, F. Kéfélian, M. S. Kehl, D. Keitel, D. B. Kelley, W. Kells, R. Kennedy, J. S. Key, A. Khalaidovski, F. Y. Khalili, S. Khan, Z. Khan, E. A. Khazanov, N. Kijbunchoo, C. Kim, J. Kim, K. Kim, N. Kim, N. Kim, Y.-M. Kim, E. J. King, P. J. King, D. L. Kinzel, J. S. Kissel, L. Kleybolte, S. Klimenko, S. M. Koehlenbeck, K. Kokeyama, S. Koley, V. Kondrashov, A. Kontos, M. Korobko, W. Z. Korth, I. Kowalska, D. B. Kozak, V. Kringel, B. Krishnan, A. Królak, C. Krueger, G. Kuehn, P. Kumar, L. Kuo, A. Kutynia, B. D. Lackey, M. Landry, J.

Lange, B. Lantz, P. D. Lasky, A. Lazzarini, C. Lazzaro, P. Leaci, S. Leavey, E. Lebigot, C. H. Lee, H. K. Lee, H. M. Lee, K. Lee, M. Leonardi, J. R. Leong, N. Leroy, N. Letendre, Y. Levin, B. M. Levine, T. G. F. Li, A. Libson, T. B. Littenberg, N. A. Lockerbie, J. Logue, A. L. Lombardi, J. E. Lord, M. Lorenzini, V. Loriette, M. Lormand, G. Losurdo, J. D. Lough, H. Lück, A. P. Lundgren, J. Luo, R. Lynch, Y. Ma, T. MacDonald, B. Machenschalk, M. MacInnis, D. M. Macleod, F. Magaña-Sandoval, R. M. Magee, M. Mageswaran, E. Majorana, I. Maksimovic, V. Malvezzi, N. Man, I. Mandel, V. Mandic, V. Mangano, G. L. Mansell, M. Manske, M. Mantovani, F. Marchesoni, F. Marion, S. Márka, Z. Márka, A. S. Markosyan, E. Maros, F. Martelli, L. Martellini, I. W. Martin, R. M. Martin, D. V. Martynov, J. N. Marx, K. Mason, A. Masserot, T. J. Massinger, M. Masso-Reid, F. Matichard, L. Matone, N. Mavalvala, N. Mazumder, G. Mazzolo, R. McCarthy, D. E. McClelland, S. McCormick, S. C. McGuire, G. McIntyre, J. McIver, D. J. McManus, S. T. McWilliams, D. Meacher, G. D. Meadors, J. Meidam, A. Melatos, G. Mendell, D. Mendoza-Gandara, R. A. Mercer, E. Merilh, M. Merzougui, S. Meshkov, C. Messenger, C. Messick, P. M. Meyers, F. Mezzani, H. Miao, C. Michel, H. Middleton, E. E. Mikhailov, L. Milano, J. Miller, M. Millhouse, Y. Minenkov, J. Ming, S. Mirshekari, C. Mishra, S. Mitra, V. P. Mitrofanov, G. Mitselmakher, R. Mittleman, A. Moggi, S. R. P. Mohapatra, M. Montani, B. C. Moore, C. J. Moore, D. Moraru, G. Moreno, S. R. Morriss, K. Mossavi, B. Mours, C. M. Mow-Lowry, C. L. Mueller, G. Mueller, A. W.

Muir, A. Mukherjee, D. Mukherjee, S. Mukherjee, A. Mullavey, J. Munch, D. J. Murphy, P. G. Murray, A. Mytidis, I. Nardecchia, L. Naticchioni, R. K. Nayak, V. Necula, K. Nedkova, G. Nelemans, M. Neri, A. Neunzert, G. Newton, T. T. Nguyen, A. B. Nielsen, S. Nissanke, A. Nitz, F. Nocera, D. Nolting, M. E. N. Normandin, L. K. Nuttall, J. Oberling, E. Ochsner, J. O'Dell, E. Oelker, G. H. Ogin, J. J. Oh, S. H. Oh, F. Ohme, M. Oliver, P. Oppermann, R. J. Oram, B. O'Reilly, R. O'Shaughnessy, C. D. Ott, D. J. Ottaway, R. S. Ottens, H. Overmier, B. J. Owen, A. Pai, S. A. Pai, J. R. Palamos, O. Palashov, C. Palomba, A. Pal-Singh, H. Pan, C. Pankow, F. Pannarale, B. C. Pant, F. Paoletti, A. Paoli, M. A. Papa, H. R. Paris, W. Parker, D. Pascucci, A. Pasqualetti, R. Passaquieti, D. Passuello, Z. Patrick, B. L. Pearlstone, M. Pedraza, R. Pedurand, L. Pekowsky, A. Pele, S. Penn, R. Pereira, A. Perreca, M. Phelps, O. Piccinni, M. Pichot, F. Piergiovanni, V. Pierro, G. Pillant, L. Pinard, I. M. Pinto, M. Pitkin, R. Poggiani, A. Post, J. Powell, J. Prasad, V. Predoi, S. S. Premachandra, T. Prestegard, L. R. Price, M. Prijatelj, M. Principe, S. Privitera, R. Prix, G. A. Prodi, L. Prokhorov, M. Punturo, P. Puppo, M. Pürrer, H. Qi, J. Qin, V. Quetschke, E. A. Quintero, R. Quitzow-James, F. J. Raab, D. S. Rabeling, H. Radkins, P. Raffai, S. Raja, M. Rakhmanov, P. Rapagnani, V. Raymond, M. Razzano, V. Re, J. Read, C. M. Reed, T. Regimbau, L. Rei, S. Reid, D. H. Reitze, H. Rew, F. Ricci, K. Riles, N. A. Robertson, R. Robie, F. Robinet, A. Rocchi, L. Rolland, J. G. Rollins, V. J. Roma, J. D. Romano, R. Romano, G. Romanov, J. H. Romie, D.

Rosínska, S. Rowan, A. Rüdiger, P. Ruggi, K. Ryan, S. Sachdev, T. Sadecki, L. Sadeghian, M. Saleem, F. Salemi, A. Samajdar, L. Sammut, E. J. Sanchez, V. Sandberg, B. Sandeen, J. R. Sanders, B. Sassolas, B. S. Sathyaprakash, P. R. Saulson, O. Sauter, R. L. Savage, A. Sawadsky, P. Schale, R. Schilling, J. Schmidt, P. Schmidt, R. Schnabel, A. Schnbeck, R. M. S. Schofield, E. Schreiber, D. Schuette, B. F. Schutz, J. Scott, S. M. Scott, D. Sellers, D. Sentenac, V. Sequino, A. Sergeev, G. Serna, Y. Setyawati, A. Sevigny, D. A. Shaddock, S. Shah, M. S. Shahriar, M. Shaltev, Z. Shao, B. Shapiro, P. Shawhan, A. Sheperd, D. H. Shoemaker, D. M. Shoemaker, K. Siellez, X. Siemens, D. Sigg, A. D. Silva, D. Simakov, A. Singer, L. P. Singer, A. Singh, R. Singh, A. M. Sintes, B. J. J. Slagmolen, J. R. Smith, N. D. Smith, R. J. E. Smith, E. J. Son, B. Sorazu, F. Sorrentino, T. Souradeep, A. K. Srivastava, A. Staley, M. Steinke, J. Steinlechner, S. Steinlechner, D. Steinmeyer, B. C. Stephens, R. Stone, K. A. Strain, N. Straniero, G. Stratta, N. A. Strauss, S. Strigin, R. Sturani, A. L. Stuver, T. Z. Summerscales, L. Sun, P. J. Sutton, B. L. Swinkels, M. J. Szczepanczyk, M. Tacca, D. Talukder, D. B. Tanner, M. Tápai, S. P. Tarabrin, A. Taracchini, R. Taylor, T. Theeg, M. P. Thirugnanasambandam, E. G. Thomas, M. Thomas, P. Thomas, K. A. Thorne, K. S. Thorne, E. Thrane, S. Tiwari, V. Tiwari, K. V. Tokmakov, C. Tomlinson, M. Tonelli, C. V. Torres, C. I. Torrie, D. Töyrä, F. Travasso, G. Traylor, D. Trifiro, M. C. Tringali, L. Trozzo, M. Tse, M. Turconi, D. Tuyenbayev, D. Ugolini, C. S. Unnikrishnan, A. L. Urban, S. A. Usman, H.

Vahlbruch, G. Vajente, G. Valdes, N. van Bakel, M. van Beuzekom, J. F. J. van den Brand, C. van den Broeck, L. van der Schaaf, M. V. van der Sluys, J. V. van Heijningen, A. A. van Veggel, M. Vardaro, S. Vass, M. Vasúth, R. Vaulin, A. Vecchio, G. Vedovato, J. Veitch, P. J. Veitch, K. Venkateswara, D. Verkindt, F. Vetrano, A. Viceré, S. Vinciguerra, J.-Y. Vinet, S. Vitale, T. Vo, H. Vocca, C. Vorvick, W. D. Vousden, S. P. Vyatchanin, A. R. Wade, L. E. Wade, M. Wade, M. Walker, L. Wallace, S. Walsh, G. Wang, H. Wang, M. Wang, X. Wang, Y. Wang, R. L. Ward, J. Warner, M. Was, B. Weaver, L.-W. Wei, M. Weinert, A. J. Weinstein, R. Weiss, T. Welborn, L. Wen, P. Wessels, T. Westphal, K. Wette, J. T. Whelan, S. E. Whitcomb, D. J. White, B. F. Whiting, R. D. Williams, A. R. Williamson, J. L. Willis, B. Willke, M. H. Wimmer, W. Winkler, C. C. Wipf, H. Wittel, G. Woan, J. Worden, J. L. Wright, G. Wu, J. Yablon, W. Yam, H. Yamamoto, C. C. Yancey, M. J. Yap, H. Yu, M. Yvert, A. Zadrożny, L. Zangrando, M. Zanolin, J.-P. Zendri, M. Zevin, F. Zhang, L. Zhang, M. Zhang, Y. Zhang, C. Zhao, M. Zhou, Z. Zhou, X. J. Zhu, M. E. Zucker, S. E. Zuraw, J. Zweizig.

訳者あとがき

二〇一六年二月一一日、重力波研究をかねてから支援していたアメリカの国立科学財団（NSF）のお膝元、首都ワシントンで記者会見が開かれ、前年の九月一四日に同国の重力波観測施設LIGO《ライゴ》で重力波が検出されていたことが発表された。その存在が間接的にしか証明されていなかった重力波が直接観測され、一般相対性理論の正しさがまたも実証されたのだ。翌日には一般紙の一面を飾ったこのニュースをご記憶の方も多いと思う。[*1] 今回の検出を、NHK・Eテレの《サイエンスZERO》はそのわずか一〇日後の放送で早々に取り上げ、《日経サイエンス》誌は翌月発売の号でさっそく詳しく報じた。[*2] こうした解説の多くで、そして本書の副題でも、重力波はアインシュタイン〝最後の宿題〟と紹介されている。

一九一五年に一般相対性理論の論文を発表したアインシュタインは、この理論をもとに重力レンズ、時間の遅れ、重力赤方偏移といったいくつかの現象を予言していた。たとえば、重力レンズとは重い天体の周りで光が重力によって曲げられる現象のことで、一九一九年に行なわれた皆既日食の観測で実証されている。ほかの予言も直接観測で実証済みだったが、重力波だけはまだで、それゆえ最後の宿題と呼ばれていたのだった。

一般相対性理論によれば、質量をもつ物体があると、その周りの時空が歪《ゆが》む。その物体が動けば、時空の歪みも変動する。この変動が波のように伝わっていくのが重力波(gravitational wave)と呼ばれる現象だ(日本語で〝重力波〟は流体力学用語でもあり、当然ながら違う意味で用いられている。英語表記はgravity wave)。質量があれば空間が歪むので、重力波は私たちがちょっと動いただけでも生じるはずだが、あまりに微弱で検出など到底望めず、以前から天体現象に目が向けられていた。超新星爆発、連星中性子星の合体、ブラックホールの合体などが起これば、途方もなく大きな重力波が出るというわけである。だが、そうした場合でも地球に届く波はきわめて弱く、検出には気が遠くなるような精度の装置が必要となり、その実現は長いこと技術的にほぼ不可能とされていた。それどころか、重力波が本当に存在するのかどうか、物理学者のあいだで意見が分かれていた時期さえあった。そんな流れが一九七〇年前後に大きく変わり、研究者人生を重力波の検出に懸ける科学者が現れ始め、検出器が改良されて性能が向上し、ビッグサイエンスとなって検出の現実味が増して、今回の初検出に至ったわけである。本書は、重力波の「研究をつづった年代記であるとともに、実験を目指した果敢で壮大な艱難辛苦《かんなんしんく》の営みへの賛辞、愚者の野心に捧げる敬意の証《あかし》でもある」。

著者であるジャンナ・レヴィン先生は、コロンビア大学バーナードカレッジの物理学・天文学科の教授で、小説 *A Madman Dreams of Turing Machines*（狂人はチューリングマシンの夢を見る）や一般向け科学書 *How the Universe Got Its Spots: Diary of a Finite Time in a Finite Space*（宇宙が今に至るまで――有限の空間における有限の時間についての日記）という著書をお持ちの作家でもある。ご専門はブラックホール、ビッグバン、余剰次元、ダークエネルギーなどで、重力波を取り上げた二〇一一年のTEDトーク[*3]をご存じの方もいるかもしれない。そんなレヴィン先生が、ご自身の知識に加えて、LIGOの関連施設を何度も訪れて得た知見を盛り込み、LIGOの当事者・関係者の録音資料での発言や直接話を聞いたときの発言をそのままふんだんに引用している本書は、読み進むうちに重力波と今回の初検出までの道のりについての理解が深まるとともに、携《たずさ》わる科学者や関係者の顔がよく見える仕上がりになっている。

本書ではまず、LIGOの立役者と言える、ワイス先生、ソーン先生、ドレーヴァー先生が大きく取り上げられる。ときに波瀾万丈の人生を送ってきた、生い立ちも性格もまったく異なるこの三人が、やがて出会ってトロイカを組むことになる。雑音解析や実用化検討を通じて検出の実現にめどを付けていたワイス先生、重力波研究を理論面から牽引していたソーン先生、そして「巧みなアイデアと際立った実験能力」[*4]をもってカルテクでプロトタイプを稼動させていたドレーヴァー先生からなるこのトロイカ体制は、実は誕生前からうまくかみ合ってなく、その顚末《てんまつ》が当人らの発言を直接たっぷり引きながら描かれている。ドレーヴァー先生と言えば、重力波の存在はある連星パルサーの観測をもとに間接的に証明されていたのだが、このパルサーという天体の第一発見者だった女性天文学者の学部時代の指導教官がたまたまドレーヴァー先生、というのもすごい巡り合わせである。

本書ではまた、重力波の研究に大転換をもたらした科学者ジョセフ・ウェーバーの生い立ちと研究生活、そして晩年が詳しく紹介されている。研究者のあいだで、その観測方法と得られたデータに対しては否定的な見解が大半のようだが、二月一一日の記者会見には本書にも登場する天文学者の奥様が招待されており、ウェーバーがＬＩＧＯチームから重力波研究の先駆者として大変な敬意を払われている存在だとわかる。

ウェーバーのおかげで研究の流れが変わり、やがて三人が力を合わせることになっても、物事はなかなか進まなかった。予算の獲得が危ぶまれたこともあったし、内輪でいろいろ問題が起こった時期もあった。ワイス先生が「あなたの本にまで書かなくてもよいのではないでしょうか」と言うほどの状況もあったのである。ちなみに、この「悪《あ》しき一幕」がつづられた13章は、一つの展開を当事者の食い違う証言を交えてたどっており、章題を「藪の中」としている。原書の章題はRashomonで、アメリカでは芥川龍之介の短篇小説「藪の中」「羅生門」を原作とした黒澤映画『羅生門』がアカデミー賞を受賞するなどして評価も知名度も高く、同一の事柄が複数の人から矛盾する解釈で語られることを指すRashomon effect（羅生門効果）という言葉まであるようだ。

検出器そのものについても、大規模化したからこその苦労がいろいろある。たとえば、プロトタイプからは想像もつかない原因でパイプに穴が開いたり、雑音源をなかなか特定できなかったり、プロトタイプとは違って担当者の神業では装置の安定動作を保てなくなったりしている。ワイス先生が観測所の建物から「頭に血を上らせて飛び出してきて、たいそうな勢いで悪態をついた」こともあるほど複雑化しているのである。[*5][*6] 施設の中や現場の雰囲気の描写には、レヴィン先生の元々の人脈や、先生がインタビューをきっかけに得た知己《ちき》が存分に活かされている。なにしろ、無塵衣《むじんい》を着ないと入れない区画に案内されたり、ログへのアクセスが許されたり、装置の部分稼動に立ち会ったり、ポスドク中心の飲み会に誘われたりしている。公式発表の二ヵ月前に初検出について知らされていたほどだ。おかげで、初検出のときも含めて装置の様子や現場の雰囲気を臨場感たっぷりに垣間見《かいまみ》ることができるし、携わる科学者たちの心情を生き生きと感じ取ることができる。

さあ、これからの展開が楽しみとなった。人間は最初、星を肉眼で眺めるだけだった。それが、望遠鏡で観測できるようになり、写真に撮影できるようになり、可視光以外の電磁波が観測可能になり、デジタルで撮影できるようになり、さらには宇宙からの観測が実現され、と新技術が登場するたび新たな展望が開《ひら》け、新しい事実が次々と浮かび上がってきた。そして今回、光（電磁波）ではなく重力波での観測結果が得られた。これは〝重力波天文学〟の幕開けと言えよう。光が通り抜けられないところでも重力波は伝わってくるので、これまで想像だにされていなかった事象が観測されるかもしれないし、宇宙誕生直後の重力波、いわゆる〝原始重力波〟が直接観測される日も来るかもしれない。本書でも紹介されているが、重力波観測のコミュニティーは日本のＫＡＧＲＡ《かぐら》を含めた世界各地の観測所を結ぶネットワークの構築を進めている。光学的な観測と重力波の観測とを連携させる〝マルチメッセンジャー天文学〟にも注目だ。今後の成果に大いに期待したい。

訳出は田沢と松井が半分ずつ担当した（分担については三一八ページを参照）。同門のよしみで随時意見交換をしながら作業を進めた。ホットな話題を扱う本書を訳す機会をくださったうえ、訳案に対して有益な助言をいただいた早川書房編集部の伊藤浩氏、校正の労をおとりいただいた二タ村発生氏、そして文庫版の編集作業を進めていただいた早川書房の一ノ瀬翔太氏、校正の労をおとりいただいた山口英則氏ほか、お世話になった皆様方にお礼申し上げる。

二〇一七年八月

一日も早い復旧と復興を祈りつつ

訳者を代表して　松井信彦

＊1．NHK・Eテレ《サイエンスZERO》、二〇一六年二月二一日放送、「世紀の観測！　重力波～アインシュタイン最後の宿題～」（初検出の要点がわかる簡潔な解説）。
＊2．《日経サイエンス》誌、二〇一六年五月号、「大特集：重力波」（初検出の詳しい解説）。
＊3．TEDトーク、Janna Levin「The sound the universe makes（宇宙が奏でる音）」（https://www.ted.com/talks/janna_levin_the_sound_the_universe_makes?language=ja、検出が見込まれている重力波を音で聞ける）。
＊4．キップ・S・ソーン著『ブラックホールと時空の歪み――アインシュタインのとんでもない遺産』（林一・塚原周信訳、白揚社）の第10章「時空湾曲のさざ波」（理論的な側面のもう少し詳しい議論に興味をお持ちの方向け）。
＊5．《日経サイエンス》誌、二〇〇二年七月号、「時空のさざ波　重力波を追う」（第一世代のレーザー干渉計型検出器の技術・工学的な側面を中心に解説）。
＊6．《情報処理》誌、Vol．57、No．5、「重力波の初検出と情報処理技術――LIGOとKAGRAで活用されている情報処理技術――」（日経テクノロジーOnlineの「情報処理学会から」で抜粋を閲覧できる〔http://techon.nikkeibp.co.jp/atcl/feature/15/112600012/042500006/〕。データ処理の側面に興味をお持ちの方向け）。

解説　想いを乗せて、重力波は歌い続ける

東京大学宇宙線研究所教授
川村静児

重力波は歌う。アインシュタインがそういう歌が存在することに気づいてからちょうど一〇〇年、我々はついにその歌を聞くことができたのである！

重力波の初検出は、物理・天文分野での今世紀最大の発見の一つであることは間違いない。そして、その大発見が産み出される過程において、かくも複雑な人間模様が繰り広げられてきたことは、読者の方には大いなる驚きであったのではないだろうか？　というのも、一般の人が研究者に抱いているイメージは、純粋に研究の事だけを考え、世俗の事にはほとんど興味のないような人物像だからである。しかし、研究の事だけを考えているからこそ、自分の好きなように研究したいという思いが人一倍強いのである。自分一人で行う場合はそれでよいのだが、重力波検出実験のように大勢で行うプロジェクトではそうはいかない。それぞれの研究者の強い思いがぶつかり合って、ある程度の軋轢《あつれき》が生じることは避けられない。本

書はそのような、研究者間の理想と理想のぶつかりあいと、それにもかかわらず最終的には重力波の初検出という偉業を成し遂げた過程を、まさに、「こんなことまで言っていいのか」と心配になってくるほどに忠実に描いたドキュメンタリーである。

さて、本書は、重力波についての解説書ではないため、重力波とその検出実験に関する情報が、いろいろな箇所に散りばめられている。読者の中には、この重要な情報がぼんやりとしか把握できていない方もいると思われるので、ここでごく簡単に重力波の基本事項をまとめておこう。重力の本質は潮汐力《ちょうせき》である。潮汐力というのは、潮の満ち引きを引き起こす力と同じものである。そして潮汐力は空間の潮汐的なひずみによって引き起こされる。重力波とはこの空間の潮汐的なひずみが光速で伝わっていく波である。重力波は、アインシュタインの一般相対性理論により一九一五年にその存在が予言され、二〇一五年にLIGOにより初検出された。重力波源としては、ブラックホールや中性子星の連星の合体、超新星爆発、パルサー、初期宇宙などが考えられる。重力波がやってくると物体間の距離が変化するので、それをレーザー干渉計で計測することで、重力波の検出ができる。重力波は空間のひずみとしてやってくるので、干渉計のアーム長が長いほど鏡の揺れも大きくなり検出しやすくなる。現在、建設されたあるいは建設中の大型レーザー干渉計には、アメリカのLIGOとヨーロッパのVirgo、そして日本のKAGRAがある。二〇一六年のノーベル物理学賞は、その科学的成果の重要性にもかかわらず重力波ではなかったが、二〇一七年のノーベル物理学賞が重力波の初検出に与えられる可能性は極めて高いと考えられている。

ところで、私は一九八九年〜一九九二年、一九九三年〜一九九七年の計七年間、カルテクでLIGOのためのプロトタイプ実験そして初期のLIGOの設計に携わってきた。その間、定期的に行われていたカルテクとMITの合同会議においてたびたび起こる怒号や、下剋上的ともいえる組織の大改編など、本書で述べられていることをまさにプロジェクトの内側から見てきたのである。そして、アメリカってすごいところだなとそのたびに驚いたものである。また、本書では、当時の私からは見えなかった雲の上の情報までつぶさに述べられており、「あー、そういうことだったのか」と、今さらながらに気づかされることも少なくない。

このように書くと、なかなかに居づらい場所だったのではないかと思われるかもしれないが、実際には正反対であった。雑用なしで、まわりにいる優秀な研究者とともに楽しい研究をバリバリとできる本当に素晴らしい環境であった。カルテクにいた七年間は自分の人生の中で最も充実した宝物のような期間であり、その頃に一緒に研究を行っていた仲間やボスたちとは今でも研究上のつながりだけでなく、友人や師弟としての個人的な付き合いが続いている。本書ではLIGOの発見にまつわるいろいろな人物が登場するが、その人たちとの関わりを以下に述べてみる。

私がレイ・ワイスの名前を初めて知ったのは、本書でも出てくるMITの内部進捗報告書を読んだ時である。当時、東京大学大学院生として、宇宙科学研究所において日本初のレーザー干渉計型重力波検出器のプロトタイプを作ろうとしていた私は、まずはこの報告書を読むことから研究をスタートさせた。私はこの報告書を干渉計のバイブルとして、完全に理解できるまで何度も読んだものであった。そして、一九八九年にポスドクとしてカルテクに行き、ついに実物のレイに会うことができた。当時からレイは学問に対して非常に厳しいことで有名であった。カルテクとMITの合同会議においても、研究者の進捗状況の報告に対して辛辣《しんらつ》な批評をすることもしばしばあったが、その批評は常に正しいものであった。ある時、私は合同会議において、四〇メートルプロトタイプで見出された非常に面白い雑音についての理論を発表した。雑音源を特定し、その雑音が干渉計の雑音となって現われたメカニズムを説明するための理論である。それまでに提出してきた数々の理論の中でもこれは相当の自信作だったのだが、果たして発表後にレイから「いつもながらエレガントだ!」と大絶賛されたのである。めったに人を褒めないレイから〝エレガント〟という最高の言葉をいただき、非常に嬉しかったことを覚えている。

ロン・ドレーヴァーとの初めての出会いは、私が大学院生だった時にさかのぼる。どういう理由だったのかは覚えていないが、宇宙科学研究所にロンが訪ねてきて、私は当時開発中であった一〇メートルプロトタイプを見せ、説明をした。その後、博士号を取得した私は、海外派遣援助プログラムに採用され、ロンにメールを書きカルテクで働かせてもらうようお願いし、めでたくカルテクでの研究生活を開始したのである。カルテクの四〇メートルプロトタイプには、いたるところに、ロンが開発した高度に複雑なシステムが使われていた。しかし、一番驚かされたのは、装置の防振システムの中に、ロンが入れたといわれるラバー製のおもちゃのミニカーが使われていたことである。もちろん、鏡の汚染などの点から真空中でラバーを使うのはご法度であるが、そのユーモアのセンスにはちょっと癒される部分もあった。（ところが、である。なんとごく最近、これをやったのがロンではなかったことが判明した。本解説執筆中、ちょうどカルテクへ赴く機会があり、スタン・ホイットコムと昼食をともにした。その時ロンの話になり、私がおもちゃのミニカーの事を『重力波は歌う』の解説に書くつもりであることを言ったところ、スタンが「あれを入れたのはロンではなく自分だった」と告白したのだ！　やってもいないことまで自分のしわざと信じ込ませてしまうロンはやはり、只者ではない。）ロンは二〇一七年三月、ノーベル賞を受賞することなくこの世を去った。

キップ・ソーンは理論の大家であり、私は実験屋であったので直接の交流はなかったが、理論にからんだ質問がある時はいつもキップに相談した。私の発する荒唐無稽なアイデアに対してもいつも丁寧にそして明確にその理論が正しいかどうかについて説明してくれた。キップからお墨付きをもらえば、私は安心してそのアイデアの展開を考えることができたのである。ある時、キップはカルテクの物理学科のセミナーでＬＩＧＯの話をした。その中でキップは大勢の聴衆の前で、「日本から来たセイジが、四〇メートルの感度を大幅に上げた。彼はLIGO成功のキーパーソンだ！」と言ってくれ、嬉しいやら恥ずかしいやらで、それはさすがに持ち上げすぎだろうと思ったことであった。

ロビー・フォークト（ヴォート）は、私の恩人であり、師と呼べる人物であった。カルテクに来て半年後、派遣援助の財源が尽き、日本に帰ろうかと思っていた時に、ロビーは私をLIGOで雇ってくれた。また、その後私は一度LIGOを去り日本に一年間いたあとで、行き先がなくなりどうしたものかと思っていた時に、ロビーは再び私を雇ってくれたのである。ロビーからは、いろいろなことを学んだ。その中でも、今でも自分の研究上の重要な教えとして守っているものがある。それは、「学生から失敗する楽しみを奪ってはいけない」というものである。ロビーは今でも、ほぼ毎年、私がカルテクの彼の部屋を訪ねるたびに、キャンパス内にあるアセニアムという会員制レストランでランチをご馳走してくれる。

最後に、本書の刊行以降の重力波検出の進展についても少し言及しておこう。LIGOは初検出の後も二〇一五年の一二月二六日に二個目の重力波の検出に成功した。そして、感度を少し上げた、第二期観測が二〇一六年の一一月から行われ、すでに二〇一七年の一月四日に三個目の重力波検出に成功している。これらの重力波の発生源はいずれもブラックホール連星であり、その質量は、太陽質量の一〇〜四〇倍の間におさまっている。LIGOの感度がまだ改善途中であることを考えると、今後はより頻繁にブラックホール連星からの重力波を捉えることが予測される。さらに、もう少し感度が高くなると中性子星連星の合体やパルサーからの重力波の検出も期待できる。また、ヨーロッパのVirgoはすでに稼働しており、感度を上げてLIGOの観測にもうすぐ参加するであろう。日本のKAGRAも第一段階の動作と試験運転を完了し、最終段階の動作に向けて懸命に建設を進めている。また、インドにLIGOをもう一台建設する計画も認められた。これらの検出器が加わり、重力波検出器の世界的ネットワークができれば、重力波天文学はさらに大きく発展するであろう。さらに、将来は宇宙に重力波検出器を打ち上げることにより、銀河中心にある巨大ブラックホールの形成のメカニズムを明らかにし、また、初期宇宙からの重力波を捉え、宇宙がどのように誕生したのかを解き明かすことも可能である。

重力波は歌う。そして我々は、アインシュタインの想いと共に、これからも様々な新しい重力波の歌を聞くことができるのである！

◎翻訳分担

田沢恭子　献辞（p3）、1～4章、10～13章

（および各章巻末注）

松井信彦　冒頭引用文（p4）、5～9章、14～16章（および各章巻末注）、エピローグ、謝辞

情報源に関する注

1章　ブラックホールの衝突

15ページの「地球1000億周分の距離を髪の毛1本の太さにも満たない幅だけ伸縮させる変化」は1991年3月13日の下院科学宇宙技術委員会公聴会におけるトニー・タイソンの証言より引用。

2章　雑音のない音楽《ハイ・フィデリティ》

本書全体を通じて、ライナー・ワイスへのインタビューについては、2013年から2015年にかけて著者自身が行なった多数のインタビューと、シャーリー・コーエンがカリフォルニア工科大学アーカイブズ口述歴史プロジェクトのために行なったインタビュー（後掲）とを合わせて編集している。シャーリー・コーエンによるインタビューと著者によるインタビューでワイスが同じような回答をしている場合、コーエンのインタビューのほうが先に行なわれたことを踏まえてそちらの記録を採用した箇所がある。

ワイス、ライナー。シャーリー・コーエンによるインタビューより。カリフォルニア州パサデナにて。2000年5月10日。カリフォルニア工科大学アーカイブズ口述歴史プロジェクト。

ワイス、ライナー。著者によるインタビューより。2013年から2015年にかけて行なわれた一連のインタビュー。

3章　天の恵み

キップ・ソーンの引用はすべて本人の発言。著者によるインタビューより。2013年から2015年にかけて行なわれた一連のインタビュー。

一般相対論の歴史の多くについては、天体物理学者ペドロ・フェレイラのすばらしい著書『パーフェクト・セオリー——一般相対性理論に挑む天才たちの100年』（高橋則明訳、NHK出版）を参照した。

ソーン、キップ・S『ブラックホールと時空の歪み——アインシュタインのとんでもない遺産』（林一・塚原周信訳、白揚社）。

Wheeler, John Archibald. *Geons, Black Holes, and Quantum Foam: A Life in Physics.* New York: W. W. Norton & Company, Inc., 1998.

ホイーラーが指導した博士課程学生の人数は、Terry M. Christensen, "John Wheeler's Mentorship: An Enduring Legacy," *Physics Today* 62, no. 4 (August 2009): 55 による。

4章 カルチャーショック

ドレーヴァー、ロナルド・P。シャーリー・コーエンによるインタビューより。カリフォルニア州パサデナにて。2000年5月10日。カリフォルニア工科大学アーカイブズ口述歴史プロジェクト。

ロン自身の言葉以外に、子ども時代の思い出を語ってくれたイアン・ドレーヴァーに感謝する。イアン・ドレーヴァー博士が2015年10月に家族および兄ロナルドについて記して個人的にご提供くださった文書からふんだんに借用させていただいた。

5章 ジョセフ・ウェーバー

ジョセフ・ウェーバーの引用はすべて本人の発言。キップ・ソーンが著書『ブラックホールと時空の歪み』のリサーチ中に行なった1982年7月20日のインタビューより。カリフォルニア工科大学アーカイブズ。

ロナルド・ドレーヴァーの引用はすべて本人の発言。シャーリー・コーエンによるインタビューより。カリフォルニア州パサデナにて。セッション1：1997年1月21日、セッション2：1997年2月10日、セッション3：1997年2月25日、セッション4：1997年3月13日、セッション5：1997年6月3日。カリフォルニア工科大学アーカイブズ口述歴史プロジェクト。

Bartusiak, Marcia. *Einstein's Unfinished Symphony: Listening to the Sounds of Spacetime*, Washington, D.C.: Joseph Henry Press, 2000.

Collins, Harry. *Gravity's Shadow: The Search for Gravitational Waves.* Chicago: The University of Chicago Press, 2004.

Dyson, Freeman. "Gravitational Machines." In *Interstellar Communication: A Collection of Reprints and Original Contributions*, edited by A. G. W. Cameron, 115. New York: W. A. Benjamin, 1963.

トニー・タイソンの引用はすべて本人の発言。著者によるインタビューより。2015年。

6章　プロトタイプ

ワイス、ライナー。著者によるインタビューより。2013年から2015年にかけて行なわれた一連のインタビュー。

ワイス、ライナー。シャーリー・コーエンによるインタビューより。カリフォルニア州パサデナにて。2000年5月10日。カリフォルニア工科大学アーカイブズ口述歴史プロジェクト。

Mikhail E. Gertsenshtein and V. I. Pustovoit, "On the Detection of Low-Frequency Gravitational Waves," *Soviet Physics—JETP* 16, (1963): 433-435.

キップ・ソーンの引用はすべて本人の発言。著者によるインタビューより。2013年から2015年にかけて行なわれた一連のインタビュー。

アイザックソン、リチャード。著者によるインタビューより。2015年。

7章　トロイカ

ワイス、ライナー。著者によるインタビューより。2013年から2015年にかけて行なわれた一連のインタビュー。

ワイス、ライナー。シャーリー・コーエンによるインタビュー。カリフォルニア州パサデナにて。2000年5月10日。カリフォルニア工科大学アーカイブズ口述歴史プロジェクト。

ロナルド・ドレーヴァーの引用はすべて本人の発言。シャーリー・コーエンによるインタビューより。カリフォルニア州パサデナにて。セッション1：1997年1月21日、セッション2：1997年2月10日、セッション3：1997年2月25日、セッション4：1997年3月13日、セッション5：1997年6月3日。カリフォルニア工科大学アーカイブズ口述歴史プロジェクト。

8章　山頂へ

ロナルド・ドレーヴァーの引用はすべて本人の発言。シャーリー・コーエンによるインタビューより。カリフォルニア州パサデナにて。セッション1：1997年1月21日、セッション2：1997年2月10日、セッション3：1997年2月25日、セッション4：1997年3月13日、セッション5：1997年6月3日。カリフォルニア

工科大学アーカイブズ口述歴史プロジェクト。

ベル・バーネル、ジョスリン。著者によるインタビュー。2015年。

139ページの「ミス・ベル、あなたは……」は、Longair, Malcolm. *The Cosmic Century: A History of Astrophysics and Cosmology*. Cambridge, UK: Cambridge University Press, 2006より引用。

9章　ウェーバーとトリンブル

ヴァージニア・トリンブルの引用はすべて本人の発言。著者によるインタビューより。2014年。ただし、一部記載のある箇所は "Behind a Lovely Face, a 180 I.Q." *Life*, October 19, 1962, pp. 98-99より。

ジョセフ・ウェーバーの引用はすべて本人の発言。キップ・ソーンが著書『ブラックホールと時空の歪み』のリサーチ中に行なった1982年7月20日のインタビューより。カリフォルニア工科大学アーカイブズ。

フリーマン・ダイソンからの手紙はコリンズの著書 Collins, Harry. *Gravity's Shadow: The Search for Gravitational Waves*. Chicago: The University of Chicago Press, 2004より引用。

10章　LHO

ランドリー、マイケル。著者によるインタビューより。2012年から2015年にかけて行なわれた一連のインタビュー。

ワイス、ライナー。著者によるインタビューより。2013年から2015年にかけて行なわれた一連のインタビュー。

ワイス、ライナー。シャーリー・コーエンによるインタビューより。カリフォルニア州パサデナにて。2000年5月10日。カリフォルニア工科大学アーカイブズ口述歴史プロジェクト。

11章　スカンクワークス

190ページの「私が実験に戻っていったら、まわりから遅れてしまった私を同僚たちは……」はカルテクの記事（http://calteches.library.caltech.edu/3432/1/Vogt.pdf で閲覧可能）より引用。

これ以外のロビー・ヴォートの引用は本人の発言。著者によるインタビューより。2014年。

Collins, Harry. *Gravity's Shadow: The Search for Gravitational Waves.*

Chicago: The University of Chicago Press, 2004.
トニー・タイソンの引用は本人の発言。著者によるインタビューより。2015 年。

12 章　賭け

オストライカー、ジェレマイア。著者によるインタビューより。2015 年。

ソーン、キップ。著者によるインタビューより。2013 年から 2015 年にかけて行なわれた一連のインタビュー。

スティーヴン・ホーキングの引用はキップ・ソーンの著書『ブラックホールと時空の歪み』より。

ホーキング、スティーヴン『ホーキング、宇宙を語る――ビッグバンからブラックホールまで』（林一訳、ハヤカワ文庫）も参照。

13 章　藪の中

ロビー・ヴォートの引用はすべて本人の発言。著者によるインタビューより。2014 年。

スタンリー・ホイットコムの引用はすべて本人の発言。著者によるインタビューより。2012 年から 2015 年にかけて行なわれた一連のインタビュー。

ロナルド・P・ドレーヴァーの引用はすべて本人の発言。シャーリー・コーエンによるインタビューより。カリフォルニア州パサデナにて。セッション 1：1997 年 1 月 21 日、セッション 2：1997 年 2 月 10 日、セッション 3：1997 年 2 月 25 日、セッション 4：1997 年 3 月 13 日、セッション 5：1997 年 6 月 3 日。カリフォルニア工科大学アーカイブズ口述歴史プロジェクト。

ワイス、ライナー。著者によるインタビューより。2013 年から 2015 年にかけて行なわれた一連のインタビュー。

ワイス、ライナー。シャーリー・コーエンによるインタビューより。カリフォルニア州パサデナにて。2000 年 5 月 10 日。カリフォルニア工科大学アーカイブズ口述歴史プロジェクト。

ゴールドライク、ピーター。シャーリー・コーエンによるインタビューより。カリフォルニア州パサデナにて。1998 年 3 月、4 月、11 月。カリフォルニア工科大学アーカイブズ口述歴史プロジェクト。

234 ページで言及されている文書は、カリフォルニア工科大学アーカイブズの「ドレーヴァー対 LIGO 紛争関連文書」と命名された未公開文書のコレクションに入っていることが確実。本書執筆時点において、これらの文書はまだ公開されていない。

14 章　LLO

ブラギンスキー、ウラジーミル。シャーリー・コーエンによるインタビュー。カリフォルニア州パサデナにて。1997 年 1 月 15 日。カリフォルニア工科大学アーカイブズ口述歴史プロジェクト。

アディカリ、ラナ・X。著者によるインタビューより。2011 年から 2015 年にかけて行なわれた一連のインタビュー。

オライリー、ブライアン。著者によるインタビューより。2013 年から 2015 年にかけて行なわれた一連のインタビュー。

ゴンザレス、ガブリエラ。著者によるインタビューより。2013 年から 2015 年にかけて行なわれた一連のインタビュー。

ジアミ、ジョー。著者によるインタビューより。2013 年から 2015 年にかけて行なわれた一連のインタビュー。

バリッシュ、バリー。著者によるインタビューより。2013 年から 2015 年にかけて行なわれた一連のインタビュー。

16 章　どちらが早いか

ヴォート、ロフス。著者によるインタビューより。2014 年。

ソーン、キップ。著者によるインタビューより。2013 年から 2015 年にかけて行なわれた一連のインタビュー。

ワイス、ライナー。著者によるインタビューより。2013 年から 2015 年にかけて行なわれた一連のインタビュー。

ハフ、ジェイムズ。著者によるインタビューより。2015 年。

本書は、二〇一六年六月に早川書房より単行本
として刊行された作品を文庫化したものです。

訳者略歴
田沢恭子　翻訳家。1970年生。
お茶の水女子大学大学院人文科学研究科英文学専攻修士課程修了。
松井信彦　翻訳家。1962年生。
慶應義塾大学大学院理工学研究科電気工学専攻前期博士課程（修士課程）修了。

HM=Hayakawa Mystery
SF=Science Fiction
JA=Japanese Author
NV=Novel
NF=Nonfiction
FT=Fantasy

重力波《じゆうりよくは》は歌《うた》う
アインシュタイン最後の宿題に挑んだ科学者たち

〈NF509〉

二〇一七年九月二十日　印刷
二〇一七年九月二十五日　発行
（定価はカバーに表示してあります）

著者　ジャンナ・レヴィン
訳者　田《た》沢《ざわ》恭《きょう》子《こ》
　　　松《まつ》井《い》信《のぶ》彦《ひこ》
発行者　早川浩
発行所　株式会社　早川書房
郵便番号　一〇一 - 〇〇四六
東京都千代田区神田多町二ノ二
電話　〇三 - 三二五二 - 三一一一（大代表）
振替　〇〇一六〇 - 三 - 四七七九九
http://www.hayakawa-online.co.jp

乱丁・落丁本は小社制作部宛お送り下さい。
送料小社負担にてお取りかえいたします。

印刷・中央精版印刷株式会社　製本・株式会社川島製本所
Printed and bound in Japan
ISBN978-4-15-050509-7 C0144

本書のコピー、スキャン、デジタル化等の無断複製は著作権法上の例外を除き禁じられています。

本書は活字が大きく読みやすい〈トールサイズ〉です。